全国环境监测培训系列教材

二噁英分析技术

中国环境监测总站　编

中国环境出版社·北京

图书在版编目（CIP）数据

二噁英分析技术 / 中国环境监测总站编. —北京：中国环境出版社，2014.4
全国环境监测培训系列教材
ISBN 978-7-5111-1784-7

Ⅰ．①二… Ⅱ．①中… Ⅲ．①二噁英—有机污染物—环境监测—技术培训—教材 Ⅳ．①X5

中国版本图书馆 CIP 数据核字（2014）第 056114 号

出 版 人	王新程	
责任编辑	曲 婷	
责任校对	尹 芳	
封面设计	陈 莹	

出版发行 中国环境出版社
（100062 北京市东城区广渠门内大街 16 号）
网　　址：http://www.cesp.com.cn
电子邮箱：bjgl@cesp.com.cn
联系电话：010-67112765（编辑管理部）
发行热线：010-67125803，010-67113405（传真）

印　　刷	北京中科印刷有限公司	
经　　销	各地新华书店	
版　　次	2014 年 4 月第 1 版	
印　　次	2014 年 4 月第 1 次印刷	
开　　本	787×1092　1/16	
印　　张	6.75	
字　　数	154 千字	
定　　价	20.00 元	

《全国环境监测培训系列教材》
编写指导委员会

主　　任：万本太

副 主 任：罗　毅　陈　斌　吴国增

技术顾问：魏复盛

委　　员：（以姓氏笔画为序）

于红霞	山祖慈	王业耀	王　桥	王瑞斌	厉　青
付　强	邢　核	华　蕾	多克辛	刘　方	刘廷良
刘砚华	庄世坚	孙宗光	孙　韧	杨　凯	杨　坪
李国刚	李健军	连　兵	肖建军	何立环	汪小泉
张远航	张丽华	张建辉	张京麒	张　峰	陈传忠
曹　勤	钟流举	洪少贤	宫正宇	秦保平	徐　琳
唐静亮	海　颖	黄业茹	敬　红	蒋火华	景立新
傅德黔	谢剑锋	翟崇治	滕恩江		

《全国环境监测培训系列教材》
编审委员会

《二噁英分析技术》
编写委员会

主　　编：张　颖

副 主 编：郑晓燕

编写人员：（以姓氏笔画为序）

于建钊　于海斌　刘劲松　许秀艳　李爱民

张　颖　郑晓燕　郭　丽　韩静磊　马文鹏

杨　凯　张丽华　金小伟　付建平　杨艳艳

冯桂贤　周志广

序

党的十八大把生态文明建设纳入中国特色社会主义事业总体布局，提出建设美丽中国的宏伟目标。环境保护作为生态文明建设的主阵地和根本措施，迎来了难得的发展机遇。环境监测是环保事业发展的基础性工作，"基础不牢，地动山摇"。环境监测要成为探索环保新路的先锋队和排头兵，必须建设一支业务素质强、技术水平高、工作作风硬的环境监测队伍。

我国各级环境监测队伍现有人员近 6 万人，肩负着"三个说清"的重任，奋战在环保工作的最前沿。我部高度重视监测队伍建设和人员培训工作，先后印发了《关于加强环境监测培训工作的意见》、《国家环境监测培训三年规划(2013—2015 年)》，并启动实施了环境监测大培训。

为进一步提升环境监测培训教材的水平，环境监测司会同中国环境监测总站组织全国环境监测系统的部分专家，编写了全国环境监测培训系列教材。这套教材深入总结了 30 多年来全国环境监测工作的理论与实践经验，紧密结合当前环境监测工作实际需要，对环境监测各业务领域的基础知识、基本技能进行了全面阐述，对法律法规、规章制度和标准规范作了系统论述，对在监测管理和技术工作中遇到的重点和难点问题进行了详细解答，具有很强的科学性、针对性和指导性。

相信这套教材的编辑出版，将会更好地指导全国环境监测培训工作，进一步提高环境监测人员的管理和业务技术能力，促进全国环境监测工作整体水平的提升。希望全国环境监测战线的同志们认真学习，刻苦钻研，不断提高自身能力素质，为推进环境监测事业科学发展、建设生态文明作出新的更大的贡献！

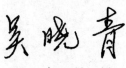

2013 年 9 月 9 日

前　言

　　《二噁英分析技术》分册是全国环境监测培训系列教材之一。二噁英类物质，包括多氯代二苯并二噁英（PCDDs）、多氯代二苯并呋喃（PCDFs）和多氯联苯（PCBs），是典型的持久性有机污染物（POPs），对人类健康和生态环境危害极大。由于氯原子取代数目和位置不同，PCDDs 和 PCDFs 分别有 75 种和 135 种同类物，PCBs 有 209 种同类物。毒性明显的主要有 2,3,7,8 位取代的 7 种 PCDDs、10 种 PCDFs 以及 12 种非邻位和单邻位的共平面 PCBs。其中 2,3,7,8-TCDD 是目前已知毒性最大的物质，它的毒性是砒霜的 900 倍，有"世纪之毒"之称，万分之一甚至亿分之一克的二噁英就会给健康带来严重的危害。其对生物体的损害也是多方面的，二噁英具有致癌、免疫毒性、肝毒性、皮肤毒性、致死、内分泌干扰、生育障碍等健康威胁。2001 年 5 月在瑞士包括我国在内的 90 多个国家签署了《关于持久性有机污染物的斯德哥尔摩公约》。根据公约，各个缔约国一致采取行动对 12 种优先持久性有机污染物进行控制。在这 12 种优先控制的有机污染物中，毒性最强、对生态影响最大、污染控制难度最大的就是二噁英类物质。

　　目前，国内二噁英实验室围绕国家环境安全和食品安全的重大需求，以二噁英类持久性有机污染物为主要分析物，围绕其来源、排放途径、污染方式、传输及迁移展开了大量研究。尽管如此，我国对二噁英类的污染背景数据积累较少，尚在起步阶段。为了了解和控制二噁英类物质对人类、生物和环境的危害，为了对废物处置过程中产生的二噁英类物质实施全面监测、安全处置和科学管理，为了更好地履行《控制危险废物越境转移及其处置的巴塞尔公约》和为《关于持久性有机污染物的斯德哥尔摩公约》服务，急需在全国环境监测系统内展开二噁英类监测技术的培训。本教材着重对二噁英类环境监测技术进行了阐述；另外多氯萘作为一种新型的具有二噁英毒性的 POPs，正日益引起人们的关注，在此分册中也作为独立的章节进行了较为详细的介绍。教材主要针对全国各级环境监测站的二噁英监测技术人员，同时，亦可作为大专院校和科研机构开展环境二噁英监测教学、科研的参考书籍。

二噁英类分析技术分册第一章由张颖（中国环境监测总站）、李爱民（湖北省环境监测中心站）编著；第二章由于海斌（中国环境监测总站）编著，韩静磊、付建平、杨艳艳、冯桂贤（环境保护部华南环境科学研究所）修订；第三章由于建钊（中国环境监测总站）编著，马文鹏修订；第四章由许秀艳（中国环境监测总站）编著；第五章由张颖、刘劲松（浙江省环境监测中心）编著；第六章由郑晓燕（中国环境监测总站）编著，金小伟（中国环境监测总站）周志广（国家分析测试中心）修订；第七章由郭丽（湖北省环境监测中心站）编著，张颖（中国环境监测总站）、李爱民（湖北省环境监测中心）进行修订。全书最后由张颖负责审定，张丽华（辽宁省环境保护宣传教育中心）、杨凯（中国环境监测总站）修订。郑晓燕统稿。本书涉及的有机分析方法在此系列教材的其他分册中详细论述过的，本册不再述及。

由于编写人员的业务水平、工作经验和涉及内容的局限，尚存在诸多不尽如人意之处，敬请有关专家和广大读者批评指正，使本书不断完善，更好地为广大读者服务。

编　者

2013 年 11 月于北京

目 录

第一章 二噁英实验室日常管理要求

二噁英类物质的采样、前处理及分析过程非常复杂，属于超痕量、多组分的分析，对特异性、选择性和灵敏度的要求极高，因此对环境本底要求非常严格；同时，检测过程中所使用的试剂、标准品等对人员健康具有直接危害。为保证实验室分析结果的准确性、可靠性和可比性，避免实验室环境对检测结果的干扰，保护实验室人员及周边环境的安全，必须对实验室进行严格的管理，构建二噁英实验室科学的日常管理体系，才能保证监测数据的准确有效及实验室正常、有序运行。

第一节 一般要求

1. 中国环境监测总站已向全国监测系统下发《国家环境二噁英监测实验室标准化建设技术指南（暂行）》，指导二噁英监测实验室的建设工作。

2. 二噁英实验室的日常管理首先应该满足本单位对实验室的一般管理要求，同时还应该做好实验室环境、安全、标准样品、废弃物、实验室记录等方面的特殊管理。

3. 二噁英实验室每年应制定能力验证计划，定期参加国际比对活动或环境保护部组织实施的各类国内比对实验。

第二节 实验室人员设置管理要求

二噁英实验室人员属于特殊岗位，对人员要求非常高，应实行专人定岗，并且经过岗位培训，经培训合格后持证上岗。

二噁英实验室人员设置至少包括总负责人、技术负责人、测试人员、仪器设备管理人员、机电设备维护管理人员、实验室安全员等。分别负责实验室管理、质量监督、现场采样、前处理、仪器分析及实验室辅助系统（通风、电气、给排水、数据传输等）运行维护、样品和材料管理等方面工作，具体职能分工如下：

1. 总负责人，由熟悉二噁英类分析技术，具有实验室管理经验的人员担任。负责二噁英实验室的全面管理。

2. 技术负责人，由具有环境介质二噁英类的分析技术及丰富的经验，熟悉二噁英类分析测试工作流程的人员担任。负责对测试人员的业务进行技术指导，审核并确认测试人员的测试记录；负责环境介质中二噁英类分析测试全过程中的质量保证与质量控制，负责制定能力验证计划并组织实施。

3. 测试人员，由接受过环境介质中二噁英类采样、前处理、净化及分析测试技术原理及实际操作培训，熟悉标准操作规程（SOP）并经考核合格的人员担任。

4．仪器设备管理员，熟悉仪器设备的原理，负责实验室设备维护计划的编制，仪器设备操作规程的编写规范使用及日常维护；负责收集整理仪器设备的相关技术资料，做好仪器设备台账的登记与编录工作。

5．机电设备维护管理人员，负责暖通系统的维护，保证实验室温度、压力和湿度达到要求。

6．实验室安全员，负责实验室安全和相关实验区域的卫生。实验室发生异常时，首先向总负责人通报情况，并采取适当的处理措施。

以上所有人员必须经过培训，经过考试合格，拿到上岗证书，方可从事二噁英实验室的工作，培训内容除监测方面相关专业基础知识外，至少还应该包含：

（1）二噁英实验室组成、功能及技术指标；

（2）二噁英实验室通风、电气、给排水等系统的控制；

（3）实验室消防及安全；

（4）实验室管理制度。

第三节　实验室环境管理要求

一、二噁英实验室组成、功能

二噁英分析实验室建筑面积至少需要 500 m^2，使用面积约 350 m^2。实验室内应设有更衣室、样品存放间、采样设备间、天平室、低浓度样品处理室、高浓度样品处理室、仪器分析室、数据解析室、缓冲间、废弃物存放间及廊道等。

1．样品存放间用于对采集的样品进行分类登记，对沉积物、土壤等固体样品风干、过筛、测量水分含量。

2．采样设备间用于采样仪器设备的存放和整理，方便采样时对采样设备的获取。

3．天平间用于放置天平，应可防尘、防振、防风、防阳光直射。十万分之一的高精密天平要保证恒温、恒湿和防震。

4．低浓度样品处理室用于对环境样品的前处理。该处理室配有萃取、浓缩、净化用的设备、水样固相萃取专用设备、纯水装置、固定式通风柜等。

5．高浓度样品处理室用于污染源等高浓度样品前处理。主要设备与低浓度样品处理室相同。

6．仪器分析室配有 GC/MS、HRGC/HRMS 等设备，用于样品测定，并要求温度、湿度满足相关要求。

7．数据解析室设有 GC/MS、HRGC/HRMS 等工作站，可进行谱图解析等操作，并设有对室内温度、湿度、压力进行监控的监视系统，配图书柜。

各房间设置及组成可根据各单位实际情况酌情进行布局，具体参数见表 1.1 和表 1.2。

8．废弃物存放间用于暂时存放实验室产生的废有机溶剂、净化填料或采样物质等。

表 1.1 二噁英实验室各分区房间及功能

序号	房间名称	面积/m²	功 能
1	配电室、空调机房	≥35	供配电 空气处理
2	采样设备间		采样仪器存放及准备
3	样品存放间		样品存放
4	废弃物存放间		废弃物存放
5	天平室		称量
6	固体样品处理间		玻璃器皿、样品干燥
7	试剂存放间		试剂存放
8	标样存放间		存放标准品
9	高浓度前处理室	≥35	污染源样品前处理
10	低浓度前处理室	≥30	环境样品前处理
11	GC/MS 室	≥25	仪器分析
12	HRGC/HRMS 室	≥30	仪器分析
13	缓冲间 （二更）		气流隔断 脱、穿洁净服
14	廊道		洁廊 普廊
15	一更		脱、穿普通衣服
16	办公室/数据解析室		数据处理，报告编写
17	卫生间		实验人员如厕
18	合计	≥500	

表 1.2 二噁英实验室配套设施

序号	房间	配套设施	门窗要求
1	配电、空调机房	动力配电柜、照明配电柜、大型仪器供电备用电池、恒温恒湿空调机内机、空气处理机组、空调机组、主仪器内散热器、防火阀门、消声设施	全钢防盗门、自动闭门装置
2	采样准备间	仪器存放柜（架），工作台，洗手池，文件柜，压力、温湿度传感器	普通门
3	样品存放间	样品存放柜（架），工作台，化学通风柜，冰柜，监控器探头，压力、温湿度传感器	密闭门、自动闭门装置
4	废弃物存放间	工作台，容器柜，化学通风柜，监控器探头，压力、温湿度传感器	
5	分析准备间	工作台，水池（带有废水过滤装置），器皿柜（架），监控器探头	
6	试剂存放间	具有通风功能的试剂药品柜，监控器探头，压力、温湿度传感器	
7	标样存放间	工作台，监控器探头，压力、温湿度传感器	
8	天平室	工作台，监控器探头，压力、温湿度传感器	密闭门、自动闭门装置

序号	房间		配套设施	门窗要求
9	高浓度前处理室		化学通风柜，工作台，水池（带有废水过滤装置），洗眼器，紧急冲淋设施，不锈钢废液桶，固废桶，监控器探头，压力、温湿度传感器	
10	低浓度前处理室		化学通风柜，工作台，水池（带有废水过滤装置），洗眼器，紧急冲淋设施，不锈钢废液桶，固废桶，监控器探头，压力、温湿度传感器	
11	GC/MS 室		仪器台，工作台，仪器配件柜，资料柜，电话，监控器探头，压力、温湿度传感器	
12	HRGC/HRMS 室		仪器台，工作台，仪器配件柜，资料柜，电话，监控器探头，压力、温湿度传感器	
13	缓冲间（二更）		衣柜，鞋柜，监控器探头，压力、温湿度传感器	
14	廊道	洁廊	压力、温湿度传感器，监控器探头	
		普廊		普通门
15	一更		衣柜、鞋柜	密闭门、自动闭门装置
16	办公室/数据解析室		电脑桌、办公桌椅、文件资料柜	普通门
17	卫生间		卫生设施	普通门

二、环境管理指标

二噁英为超痕量分析，为防止室外空气污染，整个实验室有独立的供排气结构和设备。实验室内的进气全部经过膜和活性炭两级处理，出气经过活性炭处理后排入大气。实验室的一般性排水须经过下水口处的活性炭处理后，再排到市政管网。具体环境管理指标如下。

1．对空气净化系统设置粗、中、高三级空气过滤。

第一级为粗过滤器，对于 ≥5 μm 大气尘的计数效率不低于 50%；第二级过滤器为中效过滤器，设置在空气处理机组的正压段；第三级为高效过滤器，设置在系统的末端。送、排风系统中的高效过滤器应采用一次抛弃型。

2．实验室排风与送风连锁，排风先于送风开启，后于送风关闭。实验室排风必须经过活性炭过滤器过滤后排放，活性炭处理机组的设计排风通过活性炭的风速不宜大于 0.3 m/s。同时具有能够调节排风以维持室内压力和压差梯度稳定的措施。

3．实验室设置备用排风机组，并可自动切换。

4．实验室应按空气净化级别与压力梯度进行合理分区，原则上包括动力设备机房、采样准备间、样品存放间、试剂存放间、样品处理间、废弃物存放间、分析准备间、天平室、标样存放间、高浓度处理室、低浓度处理室、各仪器室、洁净走廊、缓冲间的区域。其中后八个区域应设置在实验室洁净区内，动力设备机房采样设备间和废弃物存放间可设置在常规区，其他几个区域可酌情考虑。洁净区洁净度至少达到 7 级水平，与室外方向上相邻相通房间的压差保持在 10～15 Pa；各种设备的位置应有利于气流由"清洁"空间向"污染"空间流动，最大限度减少室内回流与涡流；兼顾水、电、气管路和控制系统；避免交叉污染；节约能源，方便工作，保证安全。

5. 为保证实验室仪器设备的长期正常运转，实验室温度、湿度应予以控制。每天应检查监控室的空调控制系统显示的实验室系统温湿度与设置是否相符合。一般实验室房间温度控制在 18～27℃；HRGC/HRMS 室温度控制在 20～25℃。HRGC/HRMS 室相对湿度控制应小于 65%，当天气湿度大时，HRGC/HRMS 室加开除湿机，使室内的湿度小于65%。

各分区房间压力、温湿度及其他参数等环境管理技术指标见表 1.3，表中数据仅供各实验室参考。

表 1.3　二噁英实验室各分区房间环境管理技术指标

序号	房间名称	压力/Pa	洁净度级别	温度/℃	相对湿度/%	最低照度/lx
1	配电室、空调机房	常压		18～27		150
2	会客收样间	常压		18～27		200
3	采样设备间	常压		18～27		200
4	样品存放间			18～27		200
5	废弃物存放间			18～27		200
6	天平室			18～27		300
7	固体样品处理间	与室外方向上相邻相通房间的最小负压差 10～15 Pa	7	18～27		200
8	试剂存放间			18～27		200
9	标样存放间			18～27		200
10	高浓度前处理室			18～27		300
11	低浓度前处理室			18～27		300
12	GC/MS 室			18～27		300
13	HRGC/HRMS 室			20～25	45～65	300
14	缓冲间（二更）	15				150
15	廊道	−10				150
		常压	—			150
16	一更	—	—			150
17	办公室/数据解析室	常压	—			200
18	合计					

三、环境管理要求

1. 二噁英实验室应有专人负责通风空调系统的运行维护。非通风系统负责人员不得随意操作空调控制系统，以免设置出现问题，造成通风系统异常。

2. 通风系统负责人员，应严格按操作规程进行操作，对因工作不慎、操作不当造成不良后果人员，要追究其责任。

3．专门负责实验室通风空调系统运行维护的技术人员应当每天对实验室的通风空调系统进行一次例行检查，确保系统处于正常运转状态。检查的内容至少包括：

（1）中控系统，查看实验室压力梯度控制、温湿度控制曲线有无异常，若有异常变化或者报警，应查明故障地点和原因，对故障进行处理，不能处理的将相关情况报告实验室技术负责人。对检查情况做好记录。

（2）机房，实地查看空调、通风、水冷机组是否运转正常，并做好记录。

4．通风空调系统的启动和停机会造成实验室内外压差的变化，因此在系统的启动和停机过程中应采取措施防止内外压差超出实验室围护结构以及有关设备的安全范围。

5．通风空调系统的启动和停机应由实验室专人负责操作，在此期间，其操作人员不得离开实验室。

6．在通风空调系统未运行时，送排风管上的气密阀应处于常闭状态。因此在通风空调系统停机期间，实验室通风空调系统运行维护人员应对此做一次检查，并做好相应记录。

7．应定期检查备用排风机组是否能够正常工作。通风空调系统运行维护人员应对机组的运行合理调配，各机组交替运行。

8．通风系统应定期进行检查、维护及检修。一般以15天为周期将水泵轮换使用，并进行维护；通风系统初效过滤网，应至少每间隔10天进行一次清洗。

9．空调控温系统应按照节能环保原则制定运行方案，根据实际实验操作需要合理设置温度；如果各实验区域能够进行独立控制，则根据需要开启或关闭通风空调系统。

10．HRGC/HRMS室对温湿度的要求较高，HRGC/HRMS配套水冷设备宜临近HRGC/HRMS室，以减少能量损失。HRGC/HRMS室机电设备维护管理人员应每天对水冷机组、实验室温湿度控制进行检查，并根据情况决定是否增加其他控温除湿装置。

11．每隔两个星期，检测二噁英实验室区域内所有实验室的室内空气洁净度。保证二噁英实验室内洁净度不超过7级。记录测定结果，确认数值没有剧烈的波动。如果发现波动比较大或者超过容许值时，应及时清理实验室的卫生，重新测定清洁度。

12．任何人进入实验室前须换工作鞋或穿戴鞋套，工作鞋不得穿出实验室。

13．实验室人员必须维护本实验室的环境，保持实验台、地面的整洁，保证仪器设备始终处于洁净的工作环境。实验所用器皿必须当天使用当天清洗，不得过夜；实验产生的废液、废渣及时清理到废物间，不得在实验区停留。

14．实验室人员应在实验开始前，检查本实验室的通风空调系统，在确认实验室通风空调系统处于正常运行状态后方可开始实验，并对检查的过程和检查结果做好相应记录。

15．实验室自采样品或者委托送样，应及时按照规范存放于样品间。除实验需要及根据实际要求留样的，过量样品按有关规定及时清理，不得随意摆放，更不能堆放在实验区，避免不必要的交叉污染。

16．注意实验过程中水、气、电的安全使用，发现问题应及时反映、处理。实验结束后，注意检查水、电、气、设备电源是否关闭，在保证一切正常后方可离开。对需要昼夜运行的机器，应定期检查其运行状态及安全装置，特殊情况应留有专人值班。

第四节　标准样品、试剂、样品、仪器管理要求

一、标准样品和试剂的管理要求

二噁英实验室标准样品指在进行环境二噁英、多氯联苯以及其他受关注的新型持久性有机污染物监测时，可能使用到的采样标、提取内标、进样内标、窗口标、柱校正标、^{13}C同位素单标的标准储备液以及储存标，标准参考物如飞灰、土壤、沉积物、鱼体（生物）等。上述标准样品价格昂贵，而且有一定浓度和纯度的样品具有毒性和潜在的"三致"性。样品前处理分析需要使用大量的有机溶剂及少量的无机酸对人体也有一定的损害，必须进行严格管理。

1. 实验室应该有专门的试剂管理员对标准样品进行管理，试剂管理员应该具备相应的专业基础知识，并进行专门培训后方可上岗。二噁英实验室的标准样品应实行双人双锁管理，对二噁英标准溶液的配制人员进行授权。

2. 实验室应当具有完善的标准样品台账和试剂台账。新购标准样品做好入库登记，实验人员领用及废弃毁损样品应做好出库登记。试剂管理员应确保入库的标准样品及试剂包装完好无损，并对它们的生产厂家、产品名称、生产批号、购买日期、有效期限、保存方法进行详细的记录。对于不是一次使用的标准样品，实验人员需要对开封日期、每次使用日期和使用量进行记录。

3. 实验室应建立标准样品期间核查制度，定期对实验室标准样品进行期间核查，确认实验室所有标准样品在准确有效的范围内。对已过有效期或者已开封使用、经实验证明不准确或不能继续作为标准样品使用的，或者已经毁损的标准样品，要及时从标准样品库中移除，但不得随意丢弃，应进行收集后置于废物间暂存。

4. 将分析过程中产生的实验废液收集置于废物间，与上述废弃的标准样品一并交由具备相应处置资质的专业机构进行处置。

二、样品的管理要求

样品是获得准确数据的前提，检测样品要始终处于真实状态，在样品进入实验室后应有唯一的编号，并在实验室流转期间不得发生损坏、丢失和混淆。对于稳定的、已知测定过的样品，保存一段时间后，可进行定期的留样复测，以评价该样品测定结果的可靠性。

三、实验室器皿及仪器设备管理要求

实验室仪器设备是质量控制/质量保证中关键的环节，要确认仪器设备符合测定方法的相关要求。编制仪器设备使用的维护规程，记录仪器的生产厂家/产品名称、检定情况、维修保养记录等信息，需自检的设备还需制定自检规程；确认器皿符合测定方法的相关要求，记录器皿的生产厂家、产品名称、清洗保管方法等信息，并按高浓度介质样品和低浓度介质样品明确区分，使用过的实验器皿必须当天清洗，不允许放在实验室中过夜。

第五节　实验室废弃物管理要求

二噁英实验室的监测分析过程中使用了有机溶剂、强酸、二噁英类标准品以及存在潜在污染风险的样品，不可避免产生废气、废液和固体废弃物，这些"三废"物质具有潜在环境与健康风险，应该进行严格管理。

1. 二噁英实验室废气，通过排风系统，经活性炭过滤后排放。实验室应采取措施确保实验室排风系统在实验过程中始终保持正常运行。实验室应视开展实验的频次与数量，计算过滤器活性炭的吸附饱和程度，确保活性炭始终有效。

2. 二噁英实验室废液有废水、有机废液、酸碱废液。二噁英类监测分析过程几乎不产生实验废水，废水来自实验室器皿清洗过程，半污染区和污染区的废水通过实验室污水处理系统，经活性炭吸附、紫外线消毒处理，达到市政排放标准后排放。

3. 严禁将二噁英实验室有机废液倒入实验室水槽或者下水道。实验室产生的有机废液、更换的仪器设备机械泵油等应该进行分类收集，并及时转移到废物存放间，分区有序存放，做好记录，交付有资质的专业公司处置。

4. 实验室排气系统以及污水处理系统更换下来的活性炭为危险废物，不得随意丢弃，应进行收集后交具备相应处理资质的专业机构进行处理。

5. 在二噁英类物质监测分析过程中使用过的样品瓶、标准样品保存器具以及实验室人员防护用品（如手套、一次性口罩等）具有潜在危险，视为危险废物，应及时收集并暂存废物存放间，交由具备相应处理资质的专业机构进行处理。

6. 实验室应根据实际需要留存送检样品。由于在实验室分析结束前，样品特性不明，对于满足实验需要外的过量样品，不得随意处置，必须经过实验或者其他程序判别后，按一般废弃物或者危险废物处置。

第六节　实验室记录管理要求

1. 实验室记录是指客观反映监测过程和与实验结果直接相关的信息。分为质量记录和技术记录，包括电子存储记录在内的所有原始信息。

2. 各种记录的设计应满足实验室质量管理需要，由实验室质量负责人和技术负责人审批后使用，各种记录应该具有受控标识并受控。

3. 记录的填写：记录应使用黑色水芯笔或不褪色笔填写，内容真实、准确、完整，字迹端正清晰，有记录人、复核人和审核人等相关监测活动人员签字。

4. 应在各类监测活动和工作现场及时真实填写原始记录，严禁凭追忆补填或抄填。

5. 记录应采用法定计量单位，非法定计量单位应转换成法定计量单位，并记录换算过程。

6. 记录表的空白栏应画"/"标记，记录结束应有结束标识。

7. 原始记录更改实行杠改，并将正确的记录填写在其右上方。同时签更改人全名或盖章。

8．实验室质量监督员应定期收集规整内部审核、管理评审、实验室比对和能力验证及方法确认、期间核查、仪器自校等记录，并归档保存。

9．实验室监测原始记录和报告，应该随监测任务开始与结束进行及时整理归档。

10．实验室应定期对监测过程电子记录信息刻录整理归档，避免各种意外导致的电子信息毁损。

11．实验室记录一般不得借阅和复制，确因需要须经实验室负责人批准，并办理登记手续；借阅和复制密级记录应执行本单位档案管理的有关规定。

12．为保证各种记录的安全，实验室仪器设备不得与互联网（外网）连接，其计算机USB口等端口封闭，确有需要通过刻录设备进行数据的备份，任何人不得擅自复制各计算机数据并泄露相关数据。

第二章　环境监测二噁英类样品的采集

第一节　环境空气样品的采集

一、采集前的调查

采样之前要对现场进行调查，了解采样点位的分布及周边环境情况。原则上采样点应位于开阔地带，距可能扰动环境空气流的障碍物至少 2 m 以上。当在城市区域采样时，周围楼房较多时可在较高楼层顶布设点位。采样器应安装在距离地面 1.5 m 以上的位置。采样点应考虑是否能够提供稳定电源等因素。为防止地面扬尘，可在设备附近铺设塑料布或其他隔离物。采样时间应避开大风或下雨天气。

二、采样设备

环境空气样品采样设备根据不同生产厂家会略有不同，但采样原理和流程基本相同。图 2.1 为常用的环境空气二噁英类采样装置示意图。

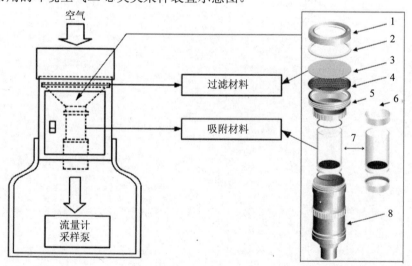

1. 螺环；2. 垫圈；3. 滤膜；4. 滤膜底托；5. 适合直径为 100~102 mm 滤膜的圆锥形支架；

6. PUF 堵头；7. 装 PUF 的玻璃套筒；8. 玻璃套筒外壳

图 2.1　环境空气二噁英类采样装置示意图

二噁英类样品主要富集于过滤材料（通常为石英/玻璃纤维滤膜）和吸附材料（常用

聚氨酯膜，简称 PUF）中。仪器中各主要部分的作用及要求如下：

1. 滤膜底托：起支撑作用，可以将作为过滤材料的滤膜不留缝隙地装上且不会损坏滤膜。

2. PUF：$\phi 90\sim100$ mm，厚 $50\sim60$ mm，密度 0.016 g/cm^3。PUF 在直径上应比玻璃套筒略大。PUF 使用前应通过索氏抽提器或加速溶剂抽提等方法净化。

3. 石英/玻璃纤维滤膜：滤膜尺寸大小应与过滤材料支架匹配，滤膜使用前应经过 450℃高温处理 4 h。

4. 采样泵：进行高流速采样时，在装有滤膜的状态下，采样泵负载流量应能达到 800 L/min，并具有流量自动调节功能，能够保证在 500～700 L/min 的流量下连续采样；进行中等流速采样时，在装有滤膜的状态下，采样泵负载流量应能达到 400 L/min，并具有流量自动调节功能，能够保证在 100～300 L/min 的流量下连续长时间采样。

5. 流量计：要求进行高流速采样时，可设定流量范围为 500～700 L/min；进行中等流速采样时，可设定流量范围为 100～300 L/min。流量计在环境空气二噁英类采样装置正常使用状态下以标准流量计进行校准。推荐使用具有温度、压力校正功能的累积流量计。

三、环境空气采样依据

1.《环境空气质量监测规范（试行）》；

2.《环境空气质量手工监测技术规范》（HJ/T 194—2005）；

3.《空气和废气监测分析方法（第四版增补版）》，国家环保总局（2007 年）；

4.《环境空气和废气 二噁英类的测定 同位素稀释高分辨气相色谱-高分辨质谱法》（HJ 77.2—2008）。

四、采样布点

按照《环境空气质量监测规范（试行）》、《环境空气质量手工监测技术规范》（HJ/T 194—2005）中相关规定进行环境空气采样布点，并综合考虑监测目的、布点要求和采样现场实际环境等因素，力图使点位布设具有代表性。

五、采样操作

1. 使用实验室用无尘纸将采样器的采集颗粒物和气溶胶部分的接口处擦干净。

2. 将装有 PUF 吸附材料的玻璃套筒安装到采样器上，用锁扣固定好。

3. 将滤膜的毛面向上放到滤膜底托上，放上垫圈，拧上固定螺环。

4. 采样前应向 PUF 中添加同位素采样内标，要求采样内标物质的回收率为 70%～130%，超出此范围要重新采样。

5. 启动采样装置，设置采样时间、采样流量和采样模式。采集开始后间隔一定时间观察仪器的运行状态，确保符合采样要求，同时填写采样记录。

6. 现场测量空气温度、湿度、风速、风向等参数，对采样点周围环境进行描述记录，若采样点周围存在污染源，则要记录污染源名称、排放情况、距离采样点的距离、方位等信息。对采样点周围环境拍摄照片。

7. 采样完毕后，首先记录采样体积、采样时间，然后依次拆卸滤膜和装有 PUF 的不锈钢套筒，滤膜对折并用锡箔纸包好贴好标签，密封避光保存样品。

8. 采样时长应不少于 24 h。

9. 每次进行环境空气采样时都要进行运输空白实验，运输空白测定频率为样品总数的 10%，或每一批次样品测定一个运输空白。

运输空白测定方法为：将石英纤维滤纸用铝箔纸包好，放入密封袋中密封。PUF 吸附材料装在固定架上，装入不锈钢或铝筒中，在避光的条件下将这些吸附材料带到采样现场与样品一样经历所有的过程但不参与采样。采样结束后，将环境空气样品运输空白带回实验室进行分析。

运输空白测定结果与实验室空白测定值相近时，可以忽略运输过程中的污染。当空白值较高时，如果样品实测值大于运输空白值 2 个数量级以上，可从样品实测值中扣除运输空白值；如果运输空白值接近甚至大于样品实测值时，则应查找污染原因，消除污染后重新采样分析。

六、采样的原始记录

采样原始记录可参考表 2.1，应包括采样日期、采样方法、采样点位信息、采样量、样品编号及名称等信息，填写要求字迹工整、准确，原始记录中如有无内容项目，也应用斜线标记，不得出现空项，应由采样人员现场填写，填写完成后要在记录上签名。必要时可有图示并用相机拍照。

表 2.1　采样原始记录

采样点名称：＿＿＿＿＿＿＿＿	采样点 GPS：N＿＿＿＿＿＿　E＿＿＿＿＿＿		
采样日期：＿＿＿＿＿＿＿	开始时间：＿＿＿＿＿　结束时间：＿＿＿＿		
环境空气采样仪编号：＿＿＿＿＿	样品编号：＿＿＿＿＿＿＿（PUF 筒、滤膜）		
内标：＿＿＿＿＿＿＿	添加时间：＿＿＿＿＿＿＿		
痕量污染物名称：＿＿＿＿＿	现场照片：□近景 □远景		
环境状况：天气：＿＿＿＿　气温：＿＿＿℃			
风向：＿＿＿　风速：＿＿＿　大气压：＿＿＿			
采样记录	开始后 5 min	采样时段中	结束前 5 min	仪器最终结果
采样流量	＿＿＿＿＿L/min	＿＿＿＿＿L/min	＿＿＿＿＿L/min	＿＿＿＿＿L/min
Dev	＿＿＿＿＿%	＿＿＿＿＿%	＿＿＿＿＿%	＿＿＿＿＿%
Pam	＿＿＿＿＿kPa	＿＿＿＿＿kPa	＿＿＿＿＿kPa	＿＿＿＿＿kPa
Ta	＿＿＿＿＿℃	＿＿＿＿＿℃	＿＿＿＿＿℃	＿＿＿＿＿℃
dpf	＿＿＿＿＿kPa	＿＿＿＿＿kPa	＿＿＿＿＿kPa	＿＿＿＿＿kPa
out	＿＿＿＿＿%	＿＿＿＿＿%	＿＿＿＿＿%	＿＿＿＿＿%
	温度（Ta）/℃	环境气压（Pam）/kPa	U 形管压差	
采样前				
采样后				
采样时长	＿＿＿h：＿＿m：＿＿s			
现场备注栏：				
本样品是否有效：□有效 □无效				
其他：				

如采集污染源周边空气，填写下表：

污染源名称	
距污染源距离、方位	
污染源排放情况	
其他情况	

采样人员：＿＿＿＿＿＿＿＿＿＿＿＿　　　　审核人：＿＿＿＿＿＿

七、样品的保存与运输

样品采集后，将滤膜毛面向里对叠并用锡箔纸包好放入样品袋，PUF小心装入清洗干净的茶色玻璃瓶或用锡箔纸包好，以避免损失或被周围环境所污染，样品运输或贮存时应避光，−4℃下冷藏贮存。

八、注意事项

1．采样设备和材料（石英/玻璃纤维滤膜、PUF等）应当在使用之前充分洗净，过滤及吸附材料应贮存在密闭容器中以避免污染。

2．采样器的安装工具和部件应冲洗干净以减少引起污染的可能性，应固定好所有组件。

3．采样前应确保所使用的石英/玻璃纤维滤膜、PUF等材料没有破损。

4．气体流量计应保证达到方法的精确度要求，并且定期校准。

5．采样结束后，贴好样品标签，标签内容填写完整。

6．如果采样过程中出现断电、仪器故障或其他变化，则应详细记录故障或变化情况。记录好采样停止时间以计算采样体积，如果不能准确记录采样时间，则需重新采集样品。

第二节　废气样品的采集

一、采样前调查

采样之前进行必要的资料收集或现场调查，确认采样现场符合废气二噁英类采样的基本要求。确定生产设备处于正常运行状态，或根据有关污染物排放标准的要求处在所规定的工况条件下。确认焚烧设施名称和型号、焚烧对象和能力、尾气处理方式、烟气排放量（设计值或实际值）、烟气温度、水分含量、烟囱高度、采样点位置、采样孔大小、采样孔处烟道形状和内部尺寸等参数。确定采样平台是否符合采样要求，至少保证采样平台半径不小于1.5 m，以便工作人员安全、方便的操作。确定采样点有无稳定的电源。

二、废气采样依据

1．《生活垃圾焚烧污染控制标准》（GB 18485—2014）；

2．《危险废物焚烧污染控制标准》（GB 18484—2001）；

3.《燃油式火化机大气污染物排放限值》（GB 13801—2009）；

4.《钢铁烧结、球团工业大气污染物排放标准》（GB 28662—2012）；

5.《炼钢工业大气污染物排放标准》（GB 28664—2012）；

6.《环境空气和废气　二噁英的测定　同位素稀释高分辨气相色谱-高分辨质谱法》（HJ 77.2—2008）；

7. HJ/T 365—2007。

三、废气采样设备

废气样品采样装置可选用《危险废物（含医疗废物）　焚烧处置设施二噁英排放监测技术规范》（HJ/T 365—2007）中推荐的仪器，其构成包括采样管、滤筒（或滤膜）、气相吸附单元、冷凝装置、流量计量和控制装置等部分，基本结构见图2.2。

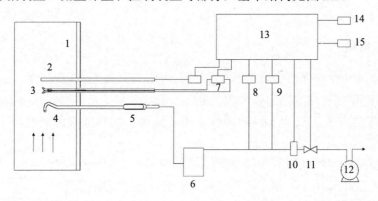

1. 烟道；2. 热电偶或热电阻温度计；3. 皮托管；4. 采样管；5. 滤筒（或滤膜）；

6. 带有冷凝装置的气相吸附单元；7. 微压传感器；8. 压力传感器；9. 温度传感器；10. 流量传感器；

11. 流量调节装置；12. 采样泵；13. 微处理系统；14. 微型打印机或接口；15. 显示器

图2.2　废气二噁英类采样装置示意图

目前烟气二噁英类采样方法主要参考 EPA 23 和 EN 1948 两种方法，所使用的采样方法不同，采样仪器也有所差异，二者最大的差异在于带有冷凝装置的气相吸附单元。EN 1948方法所使用的二噁英类采样仪器见图2.3，目前常用的是意大利 TCR 公司按 EN 1948 非稀释法原理设计的 ISOSTATIC BASIC 型采样设备。

1. 采样管：采样管材料为硼硅酸盐玻璃、石英玻璃或钛合金属合金，采样管内表面应光滑流畅。采样管应带有加热装置，以避免在采样过程中废气中的水分在采样管中冷凝，采样管加热应在 105～125℃ 范围内。当废气温度高于 500℃ 时，应使用带冷却水套的采样管，使废气温度降低到滤筒正常工作的温度范围内。采样嘴的内径不小于 4 mm，精度为0.1 mm，弯曲角度应为不大于 30° 的锐角。

2. 滤筒（或滤膜）托架：滤筒（或滤膜）托架用硼硅酸盐玻璃或石英玻璃制成，尺寸要与滤筒（或滤膜）相匹配，应便于滤筒（或滤膜）的取放，接口处密封良好，滤筒使用前应 450℃ 高温处理 4 h。

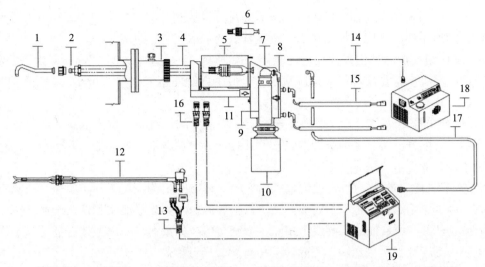

1. 采样头；2. 采样枪；3. 烟枪固定装置；4. 采样加热管；5. 滤筒加热盒；6. 滤筒架；

7. 冷凝管及冷凝管盒；8. 玻璃连接管；9. 树脂柱；10. 冷凝水接受瓶；11. 滤筒加热盒支撑架；

12. S形皮托管、烟温传感器；13. S形皮托管、烟温传感器连接线；14. 温度传感器；15. 冷却液管；

16. 采样加热管、滤筒加热盒连接线；17. 抽气管；18. 冷却机；19. ISOSTATIC BASIC 等速烟尘采样器

图 2.3　EN 1948 方法所使用采样装置示意图

3．带有冷凝装置的气相吸附单元：冷凝装置用于分离、贮存废气中冷凝下来的水，贮存冷凝水容器的容积应不小于 1 L。气相吸附单元可以是气相吸附柱，气相吸附柱一般是内径 30～50 mm、长 70～200 mm、容量 100～150 ml 的玻璃管，可装填 20～40 g 吸附材料；也可以是 PUF 充填管；还可以是冲击瓶和气相吸附柱相组合，采样前需要对吸附材料进行抽提等预处理。

4．流量计量和控制装置：用于指示和控制采样流量的装置，能够在线监测动压、静压、计前温度、计前压力、流量等参数。流量计在二噁英类废气采样装置正常使用状态下按照标准流量计进行校准。推荐使用具有温度、压力校正功能的累积流量计。

5．采样泵：泵的空载抽气流量应不少于 60 L/min，当采样系统负载阻力为 20 kPa 时，流量应不低于 30 L/min。

四、采样操作

1．开始采样前，测定各点处废气参数（如废气温度、水分含量、压力、气流速度、含氧量等），根据烟气流速确定采样嘴大小（以确保采样流量在 15～30 L/min）。废气含水率参数可使用经验值。

2．根据样品采样量和等速采样流量，确定总采样时间及各点采样时间。

3．采样前添加采样内标，要求采样内标物质的回收率为 70%～130%，超出此范围要重新采样。

4．连接废气采样装置，启动采样器，检查系统气密性。

5．将采样管插入烟道，烟枪与滤筒加热到 100～120℃，封闭采样孔，使采样嘴对准

气流方向，启动采样泵进行采样，迅速调节采样流量达到等速流量值，若滤筒阻力增大到无法保持等速采样，则应更换滤筒后继续采样。树脂吸附柱应注意避光。

6. 采样结束后，抽出采样管，同时停止采样泵，记录起止时间、采样体积等参数。采样时间、采样量根据实际样品情况决定，一般采样时间不低于 120 min，采样量不小于 2 m³。

7. 全部采样结束后，拆卸采样装置时应尽量避免阳光直射，取出的滤筒要保存在专用的容器中并贴好标签。用丙酮冲洗采样管和连接管，冲洗液与冷凝液一并保存在棕色的试剂瓶中。

8. 按照采样总数的 10%进行运输空白实验。运输空白测定结果与实验室空白测定值相近时，可以忽略运输过程中的污染。当空白值较高时，如果样品实测值大于运输空白值 2 个数量级以上，可从样品实测值中扣除运输空白值；如果运输空白值接近甚至大于样品实测值时，则应查找污染原因，消除污染后重新采样分析。

五、采样的原始记录

采样原始记录应包括采样日期、采样方法、采样点位信息、采样量、样品编号及名称等信息，填写要求字迹工整、准确，原始记录中如有无内容项目，也应用斜线标记，不得出现空项，应由采样人员现场填写，填写完成后要在记录上签名。必要时可有图示并用相机拍照。固体废物焚烧设施二噁英类采样原始记录如表 2.2 所示。

表 2.2　固体废物焚烧设施二噁英类采样原始记录

企业基本信息					
单位全称					
单位地址					
联系人				职务	
联系电话		传真		手机	
总处理能力/（t/a）	生产线数量/个	排放烟气总量/（万 m³/a）		除尘器飞灰总量/（t/a）	炉渣总量/（t/a）

_____号排放源概况
焚烧处理设施工艺炉型_____
焚烧设计量/（t/d）_____；实际投放量/（t/d）_____；负荷/%_____；
燃料种类：_____；燃料投放设计量/（t/d）_____；实际投放量/（t/d）_____；
燃煤比：_____；（如果燃料为煤时填写此项）
锅炉额定蒸发量/（t/h）_____；锅炉实际蒸发量/（t/h）_____；蒸发量负荷/%_____；
一燃室温度/℃_____；二燃室温度/℃_____；炉温/℃_____；
省煤器或空预器出口温度/℃_____；焚烧炉含氧量/%_____
运行方式：□连续运行 □小时间断运行
废气处理设施工艺：
脱硫塔喷浆流量：_____；石灰耗量：_____t/d；活性炭添加量：_____kg/d;
排放废气温度/℃_____；废气流速/（m/s）_____
标态烟气量/（m³/h）_____
飞灰产生量/（t/d）_____；灰渣产生量/（t/h）_____
备注　烟尘_____mg/m³，氮氧化物_____mg/m³，二氧化硫_____mg/m³，盐酸气_____mg/m³

六、样品的保存与运输

采集到的样品应贮存在密闭容器内以避免损失或被周围环境所污染，样品运输或贮存时应避光，−4℃下冷藏贮存。

七、注意事项

1. 采样设备和材料（过滤材料、吸附材料等）应当在使用之前充分洗净，确保空白实验值低于检测下限。吸附材料应贮存在密闭容器中以避免污染。

2. 采样装置部件和安装工具应冲洗干净以减少引起污染的可能性。应固定好所有组件，检查仪器密闭状态，确保操作时无泄漏。

3. 气体流量计应保证达到方法的精确度要求，并且定期校准。

4. 每次采样结束后，用量筒测量冷凝水体积并记录，根据干式采样体积估算含水率。

5. 采集的样品要有代表性。废气采样应当避开采样对象的不稳定工作阶段，即至少在工作条件稳定 1 h 后开始采样。

6. 如果采样过程中出现故障或其他变化，则应详细记录故障或变化情况以及采取的措施和效果。操作人员应在记录上签名。

第三节　固体废物样品（包括飞灰和灰渣类样品）

一、样品采集前的调查

在进行固体废物采样之前应对现场进行勘查，包括固体废物产生的单位、时间、形式、贮存方式，固体废物的种类、形态、数量、特性等。如为焚烧废物则应向委托方询问焚烧工艺、运行状况、采样期间中有无添加剂（活性炭、碱石灰等）等情况。制定采样方案，包括采样目的和要求、采样程序、安全和质量保证、采样记录等。

二、采样装置

固体废物样品的采样工具和装样容器应符合《工业固体废物采样制样技术规范》（HJ/T 20—1998）的要求，采样工具使用对二噁英类无吸附作用的不锈钢或铝合金材质器具，如尖头钢锹、钢锤、采样探子、采样钻、取样铲等。装样容器应使用对二噁英类无吸附作用的不锈钢或玻璃材质且可密封的器具，如棕色玻璃瓶、密实袋、铝箔等。

三、采样布点

固体废物的采样布点按照《工业固体废物采样制样技术规范》（HJ/T 20—1998）的相关规定进行。

四、采样操作

1. 工业固体废物类样品

根据采样布点中确定的采样数和采样量，选择合适的采样工具，按其操作要求采取一定份数的样品，装入样品容器中，密封、避光贮存。

2. 飞灰和灰渣类样品

飞灰和灰渣采样一般与废气采样同时进行。如果被测设施连续出灰，在废气采样开始1 h后采集飞灰样品，每隔1 h采集一定量的飞灰，直到废气采样结束。将各时段采集的飞灰混匀，装入玻璃瓶中，如样品量过大，用四分法减量。

如果被测设施不是连续出灰，在废气采样结束后采集飞灰样品。采集飞灰时多点采集，将各点采集的飞灰混匀，装入玻璃瓶中，如样品量过大，用四分法减量。

五、采样的原始记录

采样原始记录应包括固体废物的名称、来源、数量、性状、包装、贮存、处置、环境、编号、份样量、份样数、采样点、采样方法、采样日期、采样人等信息，填写要求字迹工整、准确，原始记录中如有无内容项目，也应用斜线标记，不得出现空项，应由采样人员现场填写，填写完成后要在记录上签名。必要时可有图示并用相机拍照。

六、样品的保存与运输

采集到的样品应贮存在密闭容器内以避免损失或被周围环境所污染，样品运输或贮存时应避光，$-4℃$下冷藏贮存。

七、注意事项

1. 采样工具、盛样容器所用材质不能与固体废物有任何反应，不能使待采样品污染、分层和损失。采样工具应干燥、清洁，便于使用、清洗、保养和维修。

2. 采样过程中要防止待采样品受到污染和发生变质。

3. 样品的贮存和运输过程中应防止不同固体废物样品之间的交叉污染，盛样容器不可倒置、倒放，应防止破损、浸湿和污染。

第四节　土壤和沉积物样品

一、样品采集前的调查

1. 土壤样品

在进行土壤采样之前应对现场进行事前调查，包括采样点位的位置、采样点土壤使用功能、采样点周围的环境、土壤采集的层次（表、中、深）、土壤颜色及种类等。制定采样方案，包括采样目的和要求、采样程序、安全和质量保证、采样记录等。

2．沉积物样品

在进行沉积物采样之前应对现场进行事前调查及了解，包括沉积物采样点的位置、采样点位的水深沉积物的性状等。制定采样方案，包括采样目的和要求、采样程序、安全和质量保证、采样记录等。

二、土壤和沉积物采样依据

1．《土壤环境监测技术规范》（HJ/T 166—2004）；

2．《水和废水监测分析方法（第四版）》第六章底质监测；

3．《海洋监测规范　第 3 部分　样品采集、贮存与运输》（GB 17378.3—2007）；

4．《土壤和沉积物　二噁英类的测定　同位素稀释高分辨气相色谱-高分辨质谱法》（HJ 77.4—2008）。

三、采样装置

使用对二噁英类无吸附作用的不锈钢或铝合金材质器具，如铁锹、铁铲、圆形取土钻、螺旋取土钻、采泥器、抓泥斗以及适合特殊采样要求的工具等。装样容器应使用对二噁英类无吸附作用的不锈钢或玻璃材质且可密封的器具，如棕色玻璃瓶、密实袋、铝箔等。

四、采样布点

土壤和沉积物样品的采样布点按照《土壤环境监测技术规范》（HJ/T 166—2004）、《水和废水监测分析方法（第四版）》第六章底质监测和《海洋监测规范　第 3 部分　样品采集、贮存与运输》（GB 17378.3—2007）的基本原则中相关规定进行。

五、采样操作

1．土壤样品的采样操作

土壤样品一般采集表层土，采样深度 0～20 cm。样品采集时，尽量选择没被落叶覆盖的空旷地为采样点位。如表层土壤被落叶等物覆盖，应先将其除去。

土壤样品采集后装入密实袋中，填写标签，标签一式两份，一份放入袋中，一份系在袋口，标签上标注样品编号、经纬度等信息。做好采样记录。

2．沉积物样品的采样操作

沉积物样品采样点应尽量与水质采样点一致，水浅时船体或采泥器会冲击搅动底质；河床为砂卵石时，应另选采样点重新采样，但采样点不能偏移原设置断面太远，采样后要对偏移位置做好记录。采样时应装满抓斗，采样器向上提升时，如发现样品流失过多，必须重采。

六、采样的原始记录

采样原始记录应包括土壤和沉积物的名称、类型、编号、采样点、采样方法、采样日期、采样人等信息，填写要求字迹工整、准确，原始记录中如有无内容项目，也应用斜线标记，不得出现空项，应由采样人员现场填写，填写完成后要在记录上签名。必要时可有图示并用相机拍照。

原始记录中土壤颜色可采用门塞尔比色卡比色，也可按土壤颜色三角表进行描述。颜色描述可采用双名法，主色在后，副色在前，如黄棕、灰棕等。颜色深浅还可以冠以暗、淡等形容词，如浅棕、暗灰等。

七、样品的保存与运输

采集到的土壤样品可用铝箔纸包好后放在密实袋中或直接盛于棕色广口玻璃瓶内，盖严；沉积物样品装入不锈钢或棕色玻璃广口容器内，盖严，以避免损失或被周围环境所污染。样品运输或贮存时应避光，−4℃下冷藏贮存。

八、注意事项

1．采样设备和材料在使用之前应充分洗净避免污染。

2．采样工具应冲洗干净以减少引起污染的可能性，可使用水和有机溶剂清洗，从而避免样品间的交叉污染。

3．应根据相应样品的采样标准或规范确认样品的代表性。

4．样品采集后应贮存在密闭容器内以避免损失及污染。应在避光条件下运输或贮存样品。

第五节　水和废水样品

一、样品采集前的调查

在进行水或废水采样之前应对现场进行事前调查，包括采样点位的位置、采样点周围的环境情况、采集水样的层次（表、中、深）、采样点水深等。

二、水质采样依据

1．《水质　采样方案设计技术规定》（GB 12997—91）；

2．《水质　湖泊和水库采样技术指导》（GB 14581—93）；

3．《水质采样技术指导》（GB/T 12998—1991）；

4．《地表水和污水监测技术规范》（HJ/T 91—2002）；

5．《水污染物排放总量监测技术规范》（HJ/T 92—2002）；

6．《水质　二噁英的测定　同位素稀释高分辨气相色谱-高分辨质谱法》（HJ 77.1—2008）。

三、采样装置

水或废水样品的采样工具应使用不锈钢制或聚四氟乙烯采水器等，使用前要用甲醇或丙酮充分清洗。对于不同的采样深度，可根据《水质　采样方案设计技术规定》（GB 12997—91）和《水质　湖泊和水库采样技术指导》（GB 14581—93）的相关要求选择相应的采水器。

四、采样布点

样品为地表水和污水时，可参考《地表水和污水监测技术规范》（HJ/T 91—2002）细化采样方案；样品为地下水时，可参考《地下水环境监测技术规范》（HJ/T 164—2004）细化采样方案；对于工业生产排放废水的采集，可参考《水污染物排放总量监测技术规范》（HJ/T 92—2002）细化采样方案。

五、采样操作

1. 确定采样量

根据下面公式估算出测定所需的样品量作为水质样品的最低采样量。

$$V = Q_{DL} \times \frac{y}{x} \times \frac{V_E}{V_E'} \times \frac{1}{\rho_{DL}}$$

式中：V——测定所需样品量，L；

Q_{DL}——测定方法的检测下限，pg；

y——最终检测液量，μl；

x——GC/MS 注入量，μl；

V_E——萃取液量，ml；

V_E'——萃取液分取量，ml；

ρ_{DL}——所需试样的检测下限，pg/L。

根据目前实际经验，废水样品采集量约为 10 L，地表水采集量约为 20 L。

2. 采集方法

监测对象属于地表水或污水时，依据不同水体的功能、水文要素和污染源、污染物排放等实际情况，力求以最低的采样频次，取得最有时间代表性的样品，既要满足能反映水质状况的要求，又要切实可行。具体可参考《地表水和污水监测技术规范》（HJ/T 91—2002）中的相关内容。

监测对象属于地下水时，依据不同的水文地质条件和地下水监测井使用功能，结合当地污染源、污染物排放实际情况，力求以最低的采样频次，取得最有时间代表性的样品，达到全面反映区域地下水质状况、污染原因和规律的目的。可参考《地下水环境监测技术规范》（HJ/T 164—2004）中的相关内容进行采样。

对于工业生产排放废水的监测，如果排污单位的生产工艺过程连续且稳定，可以用瞬时采样的方法。对有污水处理设施并正常运转或建有调节池的污染源，其废水为稳定排放的，监测时亦可采集瞬时废水样，所采集的废水样主要是瞬时样和比例混合样。当废水流量变化小于 20%，污染物浓度随时间变化较小时，按等时间间隔采集等体积水样混合。可参考《水污染物排放总量监测技术规范》（HJ/T 92—2002）的相关内容。

当监测对象为河流时，首先应确定好采样断面和采样垂线，确定采样点。在表层水采样时，通常把采样容器浸入河流中取水，然后将样品再注入盛样容器中，也可直接用样品贮存容器采样。除非有特殊的分析要求，采样时应避免采到表面膜。从规定的深度采样时，应使用密封浸入式装置采样，可进一步参考《水质　河流采样技术指导》（HJ/T 52—1999）中的指导方法。当监测对象为湖泊或水库时，可参考《水质　湖泊和水库采样技术指导》（GB/T 14581—93）中的指导方法。

六、采样的原始记录

采样原始记录应包括水或废水的采样点位、采样日期、采样方法、水温、水样特征、采样量等信息，填写要求字迹工整、准确，原始记录中如有无内容项目，也应用斜线标记，不得出现空项，应由采样人员现场填写，填写完成后要在记录上签名。必要时可有图示并用相机拍照。

七、样品的保存与运输

将水样注入棕色玻璃瓶内，待水满溢出后盖上瓶盖，采样瓶中加入叠代化钠固定剂，并避光低温保存运输，尽快进行分析测定。如不能立即开展分析测定工作，应使水质样品保存在 4～10℃的暗冷处，尽快进行分析测定。

八、注意事项

1．采样器具应当在使用前用蒸馏水、丙酮依次充分洗净，并在运输过程中避免污染。采样时应避开水面及水中的漂浮物与悬浮物，并且不能搅动水底的沉积物。

2．根据不同水质与采样要求（如深度、频率、时间等）需要使用采样器时，选择的采样器的性能必须符合技术要求，并严格按照采样器的使用方法及要求进行安装、调试和采样，注意记录相关参数。

3．采样时应保证采样点的位置准确，使用定位仪（GPS）定位。

4．采集的样品应具有代表性。如采样过程中出现采水器故障、水体发生变化等其他突发状况，则应详细记录故障和现场情况，并记录采取的措施和实际采样情况。记录上应有操作人员签名。

5．保持水样的弱酸性状态。对于可能含余氯的水样，加入适量的硫代硫酸钠除去余氯干扰。

6．采集到的水样应被贮存在密闭容器内以防泄漏或被周围环境所污染。每个容器瓶应贴有标签，标明样品信息。样品运输时应避光防震，并冷藏避光贮存。废水及污水的样品组成成分较为复杂，应尽快测定。若不能及时处理，在避光及冷藏条件下保存水样。

第三章　环境空气、废气、水和
土壤样品的前处理技术

第一节　方法概述

由于环境样品中二噁英类浓度低，且组分复杂，干扰物质多，使得样品必须经过复杂的前处理后方能进行分析测定。可以说，样品的前处理技术是分析二噁英类的最关键环节，其优劣程度直接关系到整个分析过程的准确性、灵敏度以及分析速度和成本。

二噁英类样品的前处理过程一般包括样品预处理、提取、净化和浓缩，其中主要步骤是提取和净化。样品的预处理主要为将样品粉碎并除水，以便样品的提取。提取是将样品中的待测组分溶解分离出来，传统的提取方法有液液萃取法、索氏提取法、固相萃取法、超声波萃取法等。在生物样品处理中还用到固液萃取、半透膜萃取。近年来，各种高效、快速、有机溶剂消耗少的预处理技术，如加速溶剂萃取法（Accelerated Solvent Extraction，ASE）、超临界流体萃取法（Supercritical Fluid Extraction，SFE）、微波辅助萃取法（Microwave Assisted Extraction，MAE）等方法也在二噁英类样品的提取中崭露头角。这些新方法缩短了萃取时间，大大减少了有毒有机溶剂的使用量。

由于环境介质中二噁英类样品的组成复杂，提取后还需要经过若干净化步骤以达到将待测组分与其他干扰物质分离的目的。常用的净化方法是柱层析法，其填料包括弗罗里硅土、酸性氧化铝、碱性氧化铝、酸性硅胶、碱性硅胶、硅酸钾、活性炭等。凝胶渗透色谱净化技术（GPC）和高压液相色谱技术（HPLC）作为净化方式的应用已经越来越广泛，该方法对色素或油脂含量高的样品能起到很好的净化效果。此外，美国 FMS（Fluid Management Systems）公司生产的自动样品净化系统（Powerprep Dioxin System）以其高回收率、高自动化、高精度、净化速度快（净化时间小于 1 h）等特点在二噁英类样品的提取净化中也备受关注，但由于设备昂贵及分析成本过高等问题，目前还未在国内的二噁英实验室中大规模普及。各种常用的样品净化处理方法和效果见表 3.1。

表 3.1　常用二噁英类样品净化方法和净化效果

处理方法	主要效果
硫酸处理	分解去除大部分有机物质、着色物、多环芳烃、强极性物质等
多层硅胶柱净化	去除酚类、酸性物质、脂肪、蛋白质、含硫化合物、直链烃类、着色物、多环芳烃、强极性物质等
氧化铝柱净化	去除弱极性物质、有机卤代物

处理方法	主要效果
活性炭柱净化	PCDDs、PCDFs、Co-PCBs 的分离和净化
FMS 净化	多层硅胶柱净化、氧化铝柱净化、活性炭柱净化集成处理装置
凝胶渗透色谱法（GPC）	去除脂肪、矿物油以及其他高分子物质
高压液相色谱（HPLC）	可以更加精细地将某些同族体和异构体分开

第二节　样品的预处理

一、预处理装置

样品预处理装置要用碱性洗涤剂和水充分洗净，使用前依次用丙酮、正乙烷等溶液冲洗，定期进行空白试验。所有接口处严禁用油脂。

二、废气样品的预处理

采集好的废气中二噁英类物质主要存在于气相吸附柱、滤筒、冷凝水、冲洗液和样品洗出时产生的处理液中，各部分预处理的方式如下。

气相吸附柱：将气相吸附柱中的吸附材料（主要使用 XAD-2 树脂）全部倒入烧杯中，转移至洁净的干燥器中充分干燥。

滤筒（或滤膜）：将滤筒架中的滤筒（或滤膜）取出，用 2 mol/L 的盐酸处理滤筒（或滤膜）。保证滤筒中的烟尘都能与盐酸反应，必要时再添加盐酸，直到不再发泡为止。用布氏漏斗过滤盐酸处理液，并用水充分冲洗滤筒（或滤膜），再用少量丙酮冲去水分。如滤筒（或滤膜）的连接部有可见灰尘，用水将灰尘冲入布氏漏斗中。将冲洗好的滤筒（或滤膜）放入烧杯中并转移至洁净的干燥器中充分干燥。

用丙酮冲洗烟枪内壁，将灰尘冲入布氏漏斗中，充分抽滤至干后，将布氏漏斗中的玻璃纤维滤膜放入烧杯中转移至洁净的干燥器中充分干燥。

经布氏漏斗过滤得到的处理液进行液液萃取。充分干燥后的吸附材料、滤筒（或滤膜）、滤纸以甲苯为溶剂进行索氏提取。

三、环境空气样品的预处理

采集的样品在干燥后直接进行 ASE 提取或索氏提取。

四、土壤样品的预处理

1. 样品的风干及筛分

称取 500 g 以上样品置于不锈钢托盘上，放入风干容器中进行干燥。每隔 2～3 日称量一次样品，并记录样品重量，直到减重小于 2%时，风干结束。

风干后的样品，去除其中的小砾石、木片、植物残渣，将样品粉碎，过 1 mm 孔径标准分样筛。将筛过的样品放入棕色广口瓶中保存，待测。样品风干及筛分时应避免阳光直接照射及样品间的交叉污染。

2. 含水率的测定

称取 5 g 以上的土壤及沉积物样品，105℃烘 4 h 放在干燥器中冷却至室温，称重。使用式（3-1）计算含水率（w，%）。

$$w = \frac{干燥前样品重量 - 干燥后样品重量}{干燥前样品重量} \times 100\% \qquad (3-1)$$

3. 样品的盐酸处理

称取一定量样品于滤筒中（样品称取量根据实际样品浓度决定），用 2 mol/L 的盐酸进行处理。盐酸用量为每 1 g 样品至少加 20 mmol 盐酸。搅拌样品，使其与盐酸充分接触并观察发泡情况，必要时再添加盐酸，直到不再发泡为止。用布氏漏斗过滤盐酸处理液，并用水充分冲洗滤筒，再用少量丙酮淋洗去除滤筒及样品中的水分，将冲洗好的滤筒放入烧杯中转移至洁净的干燥器中充分干燥。处理液和干燥后的滤筒、样品分别进行下一步操作。

五、水样的预处理

水质样品过滤前应添加提取内标，并将添加了提取内标的样品用玻璃纤维滤膜过滤，分离过滤残留物与滤出液。过滤完毕后，将玻璃纤维滤膜放入干燥器中，使玻璃纤维滤膜以及滤膜上的过滤残留物充分干燥。过滤后的水质样品和干燥后玻璃纤维滤膜分别进行下一步操作，其中过滤后的水质样品采用固相萃取或液液萃取操作，干燥后的玻璃纤维滤膜进行索氏提取操作。

第三节 样品的萃取技术

一、经典萃取技术

经典的二噁英类萃取技术主要有：索氏提取和液液萃取。环境中的液体样品，如水样、牛奶、体液或血液等一般采用液液萃取；固体样品传统上多采用索氏提取。

1. 液液萃取

将液体样品或滤液转移到分液漏斗中，用二氯甲烷冲洗装盛液体的容器，每次用量大约 10 ml，再将洗液倒入分液漏斗中，重复该操作 3 次。使用 60 ml 二氯甲烷萃取水样 3 次：盖好分液漏斗瓶塞，轻摇分液漏斗几次，并注意及时放气，振荡萃取大约 10 min。振荡过程中要防止分液漏斗中的溶液漏出。

静置使有机相和水相分离。如果有乳化层生成且大于溶剂体积的 1/3，使用机械手段分离。

使用无水硫酸钠干燥萃取液：用玻璃棉垫在玻璃漏斗颈部，在漏斗中加入约 1/2～2/3 体积的无水硫酸钠，用二氯甲烷冲洗。漏斗颈部的玻璃棉不要垫得过松，否则无水硫酸钠会落入圆底烧瓶中；也不要太紧，否则溶液流速太慢。第三次萃取后以至少 20 ml 二氯甲烷淋洗分液漏斗，再用二氯甲烷冲洗无水硫酸钠层 3 遍，洗液并入圆底烧瓶中。

2. 索氏提取

安装并预抽提索氏提取装置，抽提溶剂为二氯甲烷：正己烷（1∶1）混合液。然后将干燥好的样品放入事先经过处理干净的玻璃纤维滤筒中，用玻璃棉塞好玻璃纤维滤筒口，以防止提取过程中粉末状样品冲出提取滤筒。向提取器套管及接收管加入甲苯溶剂。打开冷凝水，加热套，提取 18～24 h。提取后冷却并拆分索氏提取装置。定量转移提取液留备后用。

二、萃取技术的新发展

目前萃取环境中固体样品的新方法和新技术有：加速溶剂萃取、超临界流体萃取技术和微波辅助提取技术等。

1. 加速溶剂萃取

加速溶剂萃取是在较高温度（50～200℃）和较高压力（1 000～3 000 psi①）下用有机溶剂萃取固体或半固体的自动化方法。近年来商品化的 ASE 仪器在二噁英类物质等分析领域的应用日趋广泛，对各类样品都具有良好的提取效果。ASE 常使用的萃取溶剂为：正己烷、丙酮、二氯甲烷、甲苯等的混合溶剂。该方法的优点是有机溶剂用量少、快速、基质影响小、回收率高和重现性好[1]。

2. 超临界流体萃取技术

利用超临界流体在物理、化学方面的特性，根据样品类型、目标物的沸点、分子量等选择适当的操作条件可以有选择地把目标化合物提取出来。由于全过程不使用或极少使用有机溶剂，避免了提取过程中溶剂对人体的损害和对环境的污染。二氧化碳是目前 SFE 最常用的提取溶剂。SFE 的萃取效率取决于多方因素，如温度、压力、流速、添加的改良剂、固态样品种类、淋洗液等。在超临界流体中加入一定比例的甲醇、苯等作为改良剂，可提高二噁英类的回收率。SFE 提取速度快、自动化程度高，但设备价格较贵、对操作人员的技术要求高，限制了该技术的广泛应用[2]。

3. 微波辅助提取技术

当选择了正确的溶剂，在充分浸润的条件下，微波作用于样品和溶剂混合物上时，极性分子便在微波电磁场作用下产生瞬时极化，并以每秒数亿次的速度做极性变换运动，从而产生键的振动、撕裂和粒子之间的相互摩擦、碰撞，促进分子活性部分更好地接触和反应，同时迅速生成大量的热能使溶剂的提取温度升高。MAE 的特点在于快速、溶剂用量少、萃取效率高、重复性好；但对热敏物质，微波加热易导致它们变性失活[3]。微波提取二噁英类物质的常用溶剂与索氏提取、ASE 等类似。

第四节　样品的净化技术

对于相对干净的样品（如处理后排放污水、地下水、饮用水）来说，净化并不是必须步骤。各种净化分离方法的净化效果具有较强的针对性，应根据样品的具体情况选用，还可将各种净化方法结合使用，发挥各自净化效果。

---

① 1psi = 6.895 kPa。

一、硫酸净化

将样品溶液浓缩到 1～2 ml。

用正己烷清洗所需玻璃器皿两遍。将提取液用旋转蒸发仪浓缩到 3 ml 左右。使用长颈滴管将浓缩过的提取液定量转移至分液漏斗中，向分液漏斗中加入 40～50 ml 正己烷。再向分液漏斗中加入 20 ml 浓硫酸，轻微振荡，并注意及时放气。然后将分液漏斗置于机械振荡器上振荡大约 10 min，静置分层，弃去硫酸层（下层）。根据硫酸层颜色的深浅重复操作，直到硫酸层的颜色变浅或变为无色为止。需要指出的是，用硫酸净化提取液时，提取液溶剂必须转为正己烷。

向正己烷层加入适量的水重复洗涤至中性。用玻璃棉垫在漏斗颈部，在漏斗中加入 1/2～2/3 体积的无水硫酸钠并用正己烷冲洗。分液漏斗中的正己烷层经无水硫酸钠脱水后，缓缓放入 300 ml 收集瓶中。用正己烷冲洗分液漏斗内壁 3 次，冲洗液经过无水硫酸钠脱水后，一并放入收集瓶中。将收集液浓缩至 1～2 ml 进行下一步净化。

注意事项：1. 浓硫酸和有机物反应时溶剂会突然沸腾，小心操作。

2. 实验人员进行操作时一定要使用手套和口罩，必要时佩戴安全镜或面罩等保护工具。

二、硅胶净化

用正己烷冲洗所需玻璃器皿两次。在玻璃层析柱中放置石英棉，用玻璃棒轻轻地将石英棉捅到管柱底部活塞颈处。从层析柱底部至上依次填充硅胶（2 g），33%（m/m）NaOH 碱性硅胶（4 g），硅胶（2 g），44%（m/m）硫酸酸性硅胶（10 g），硅胶（2 g），无水硫酸钠（4 g），轻敲层析柱使吸附剂分布均匀。

在柱上注满正己烷，并将多层硅胶柱中的空气赶走。使用 50 ml 正己烷淋洗层析柱。调节淋洗速度，待液面降至柱层上方 1 cm 左右时关闭活塞。弃去洗脱液。检查柱子上是否有空洞，如有则应重新制备层析柱。

加入样品浓缩液，使用正己烷淋洗接收瓶三次后，将淋洗液分别加入层析柱。用恒压漏斗向层析柱中加入 120 ml 正己烷将样品洗脱出来，调节淋洗速度约为 2.5 ml/min（约为 1 滴/s）。淋洗完毕后，将烧瓶取下用铝箔封口，准备浓缩进行下一步净化。

注意事项：

1. 多层硅胶柱各层药品的添加量根据实际样品状态决定，本教材参考的是 HJ 77 系列的国标方法。方法中给出的是推荐值，根据实际情况可增加或减少添加量，添加量有显著变化时，淋洗液的淋洗量也应有相应的变化。

2. 向多层硅胶柱上转移样品时，溶液不宜太多，也不可流尽。

3. 样品经多层硅胶柱净化后应是无色，如果溶液带有颜色或柱子有穿透现象，则需要重新进行多层硅胶柱净化。

三、氧化铝净化

将活塞完全打开，从层析柱上口塞一小团石英棉，用玻璃棒轻轻地将石英棉捅到管柱底部活塞颈处。用 10 ml 正己烷冲洗内壁。加入 10 g 氧化铝和 10 mm 厚的无水硫酸钠，轻敲填充柱使吸附剂分布均匀。用 50 ml 正己烷淋洗氧化铝柱，调节正己烷液面高于氧化铝 1 mm 左右。

向层析柱中定量加入浓缩萃取液，调节活塞使正己烷液面高于氧化铝 1 cm。用 100 ml 的二氯甲烷：正己烷为 2：98（v/v）淋洗，为第一组分。然后用 150 ml 的二氯甲烷：正己烷为 50：50（v/v）淋洗回收二噁英。浓缩洗脱液进行下一步净化或 GC/MS 分析。

注意事项：

氧化铝的极性根据制造批号及开封后的保存时间会有很大变化。如果使用活性已降低的氧化铝、1,3,6,8-T_4CDD 及 1,3,6,8-T_4CDF 等有可能会被洗脱为第一组分。O_8CDD/F 则有可能在第二组分中不能洗脱出来，且可能有部分 PCBs 被淋洗到样品组分中。对此应该用分离试验进行确认。

四、活性炭净化

准备好玻璃层析柱，将活塞完全打开，从层析柱上口塞一小团石英棉，用玻璃棒轻轻地将石英棉捅到管柱底部活塞颈处。在层析管柱中先后充填约 10 mm 厚的无水硫酸钠、1.0 g 活性炭分散硅胶及 10 mm 厚的无水硫酸钠。用正己烷冲洗管壁上的无水硫酸钠粉末，赶走填充层中的气泡。用 20 ml 正己烷淋洗活性炭分散硅胶柱，待液面降至柱层上方 1 cm 左右时关闭活塞。

将初步净化的样品浓缩液定量转移到活性炭柱上。用恒压分液漏斗向玻璃层析管柱注入 20 ml 正己烷溶液，等流尽后加入 40 ml 二氯甲烷：正己烷为 25：75（v/v）的溶液，用其淋洗活性炭柱，淋洗速度约 2.5 ml/min。接收所有洗出液，为第一组分，该组分中含有 Co-PCBs。浓缩第一组分进行下一步净化或 HRGC/HRMS 分析。

第一组分淋洗完成后，反转活性炭柱，换上 250 ml 接收瓶，然后向玻璃层析管柱用分液漏斗注入 70 ml 甲苯溶液，再用其淋洗活性炭分散硅胶柱，调节淋洗速度约为 2.5 ml/min（约为 1 滴/s），得到的淋洗液为第二组分。该组分含有分析对象二噁英。浓缩该组分进行下一步净化或上机分析。

注意事项：

配制好的二氯甲烷：正己烷为 25：75（v/v）的溶液不宜久置，因为二氯甲烷很容易挥发。

一般来说，氧化铝柱或活性炭柱是根据对 PCBs 和 PCDDs/PCDFs 二者吸附特征的差异，对样品中的二者进行进一步分级分离和纯化的。

五、其他净化技术

1. FMS 净化

FMS 净化使用全自动样品净化系统，集成了多层硅胶柱净化、氧化铝净化和活性炭净化处理装置。使用时，仪器的进样管、进样瓶和接头在每个样品处理完后必须使用 50%二氯甲烷/正己烷清洗，以保证系统的清洁、无污染。使用之前请详细阅读仪器操作手册。

2. HPLC 净化

HPLC 用于 PCDDs、PCDFs、Co-PCBs 的分离和净化。使用装有流路切换阀的高效液相色谱，使流动相流过碳柱，设定淋洗液的流速为 2 ml/min，检测器为紫外检测器，检测器的出口能够分别收集流出液。

准备 2,3,7,8 位取代异构体或其他关注异构体的二氯甲烷溶液。注射一定体积校正液校正色谱柱，记录检测器信号。建立 4 氯代异构体或其他关注异构体的收集时间。使用足量二氯甲烷淋洗进样器，确保系统无残留。通常情况下用甲苯做流动相将碳柱充分洗净后，将流动相置换成正己烷，通过检测器的指示值变化情况，判断正己烷是否已经完全置换。

注射一定体积萃取液，使用前面的校正数据洗脱收集洗脱液。HPLC 要求色谱柱不能过载，若萃取液浓度过大，应分成若干份，由 HPLC 净化后合并。使用之前请详细阅读仪器操作手册。

3. GPC 净化

GPC 净化能去除导致 GC 柱性能降低的大分子的干扰。常用的凝胶种类有聚苯乙烯填料，如 Biobeads SX-3、SX-8、SX-12 等；常用的洗脱剂有环己烷、乙酸乙酯-甲苯、正己烷-二氯甲烷等。确定 GPC 方法时，使用校准溶液进行色谱柱校正，确定分离效率、样品的回收率和收集时间。并且每分离 20 份萃取液后重新验证校正溶液。GPC 要求色谱柱不能过载。当萃取液中干扰物质浓度过高时，将萃取液分成若干份，由 GPC 净化后再混合净化液。使用之前请详细阅读仪器操作手册。

第五节　样品的浓缩

进行大体积浓缩时常使用旋转蒸发仪、电热套和 Kuderna-Danish（KD）浓缩仪；微浓缩时使用氮吹仪。

一、旋转蒸发仪

每日应浓缩萃取溶剂 100 ml 以清洗浓缩装置。样品之间应以 2～3 ml 溶剂淋洗连接管 3 遍。

将装有样品萃取液的圆底烧瓶同旋转蒸发器连接。设置合适的水浴温度，逐步施加真空后旋转蒸发瓶。降低烧瓶至水浴，调节旋转速度及水浴温度使进入接收瓶的溶剂流速稳定，萃取液不会有倾泻或沸腾出现。当溶液约为 2 ml 时，从水浴中移出烧瓶并停止旋转，使空气缓慢进入系统。

二、电热套

在圆底烧瓶内加入 1～2 粒洁净沸石，连接 3 球 Snyder 柱，使用 1 ml 溶剂润湿 Snyder 柱。将圆底烧瓶放入加热套加热，调整加热温度使柱内小球颤动而烧瓶内不会暴沸。当溶剂降至 10 ml 时，从电热套中移出圆底烧瓶冷却至少 10 min。移开 Snyder 柱并以少量溶剂淋洗连接管处。

三、KD 浓缩

KD 浓缩法用于二氯甲烷及正己烷溶剂。水浴下不使用蒸汽产生器时，很难采用 KD 浓缩法浓缩甲苯。

在接收瓶中加入 1～2 粒沸石，连接 3 球 Snyder 柱，使用 1 ml 溶剂从顶部润湿。将 KD 装置放入水浴中，使得圆底烧瓶底部可以进行蒸汽浴。调节装置位置及水浴温度使柱内小球颤动而小室内不会暴沸。液体接近 1 ml 时，从水浴中移出 KD 装置，冷却至少 10 min。移出 Snyder 柱并使用 1～2 ml 溶剂淋洗烧瓶及同浓缩管的连接处。移出 3 球 Snyder 柱，加入新鲜沸石，在浓缩管上连接 2 球 Snyder 柱，使用 0.5 ml 溶剂润湿 Snyder 柱，将装置放入水浴。调节温度及装置位置使柱内小球颤动而小室内不会暴沸。当溶剂体积为 0.5 ml 时，移出水浴并冷却至少 10 min。

四、氮吹

转移样品萃取液至氮吹装置。调节氮气流速使溶剂表面微微扰动。若溶剂漩涡很大可能导致目标化合物的损失。

目前对于溶剂的浓缩一般采用旋转蒸发仪和氮吹，操作简单，不易带来干扰。

第六节　实例介绍

对于实际样品，二噁英类分析物的分析一般要求回收率达到国家标准方法限值，其余前处理主要为萃取和净化步骤，这些可以根据实际情况采取相应的前处理手段。

如对于洁净的水样，我们只需对其进行二噁英类分析物的萃取，无需净化就可上机分析。萃取方式可采用传统的液液萃取，也可采用固相萃取等方式。而对于比较脏的水样，对其萃取之后，需进行样品的纯化，纯化步骤可根据各实验室实际的仪器设备确定。

而针对环境空气和废气、土壤等的 PCBs 和 PCDDs/PCDFs 分析，除了样品预处理方式不同，其余净化流程均可一致。图 3.1、图 3.2 和图 3.3 分别为环境空气、废气和土壤等样品前处理流程示意图。在这里我们要注意，处理上述样品的二噁英类分析物，通常采用同位素稀释法高分辨气相色谱-高分辨质谱方法分析，在样品前处理时，要加入相应的同位素内标以方便之后的定量。

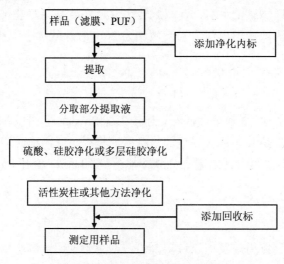

图 3.1　环境空气样品前处理流程

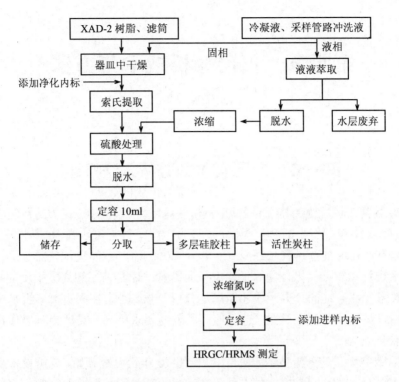

图 3.2　废气中 PCDDs/PCDFs 分析测试流程

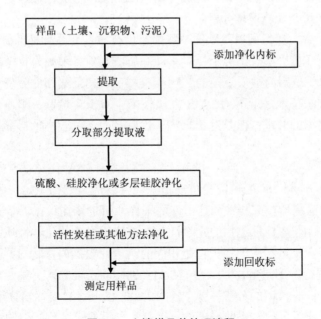

图 3.3　土壤样品前处理流程

第四章　仪器分析技术与方法

第一节　二噁英类的分析方法概述

由于二噁英类在环境中的持久性和剧毒性，痕量、超痕量二噁英类的检测引起人们的极大关注。二噁英类在环境中的含量很低，一般为 10^{-12}，甚至可达到 10^{-15} 水平。含有二噁英类的样品只有经过前处理过程浓缩至 1 000～10 000 倍，才能进行仪器分析。而且，由于基质中同系物及其他氯代化合物等干扰组分的影响，还必须用超高灵敏度的分析设备、良好的净化技术及特异性的分离手段才能满足分析要求。因此二噁英类分析是典型的超痕量多组分定性定量分析，对特异性、选择性和灵敏度要求极高，被认为是当代化学分析领域的一大难点。

关于二噁英类物质的分析技术研究从 20 世纪 70 年代已经开始，分析设备从当初采用的气相色谱（ECD、FID、AED）、填充柱/气相色谱/低分辨质谱、毛细管柱气相色谱/低分辨质谱发展到目前普遍采用的毛细管柱高分辨气相色谱/高分辨质谱，检测灵敏度也从当初的常量、微量发展到今天的痕量分析。

美国 EPA、加拿大环保局以及欧洲一些国家均公布了一系列标准方法，涵盖水、气、土壤和生物等各类环境介质，国际上针对不同基质或对象（来源）的样品有不同的二噁英类分析方法。这主要是因为基质不同的二噁英类样品，其采集和前处理方法可能存在很大的差异，但分析方法基本是采用 GC-MS 联用技术。对于含量低、基质复杂的样品而言，低分辨无法达到检测的要求；但是对于一些干扰较轻而含量较高的样品，高分辨和低分辨并没有显著的差别。

目前对于二噁英类的分析方法，国际上基本以美国 EPA 1613 方法为基础，开发出一系列同位素稀释高分辨气相色谱-高分辨质谱法，并将此规定为测定二噁英类化合物的标准分析方法。在样品提取或采样（如烟道气的采样）前定量加入 ^{13}C 标记 2,3,7,8 位取代的二噁英类同系物，由于 ^{13}C 标记物的化学性质与被分析组分的化学性质完全一致，因此在样品萃取、净化和富集过程中的损失也是相同的，因此根据内标物对样品中 17 种 2,3,7,8 位氯代二噁英类进行准确定量，并且在 GC-MS 进样前还要加入另外两种 ^{13}C 标记物，以计算回收率。在分析时质谱的分辨率要求在 10 000 以上，对内标物分辨率要求在 12 000 以上。这些措施保证了分析结果的准确性，提高了分析的灵敏度，但同时也增加了分析难度和成本。以 EPA 1613 为基础开发的方法前处理步骤如液-液萃取、索氏提取、硅胶柱净化等，以及 HRGC/HRMS 定性和定量等方面的技术路线基本是一样的，但在细节上和技术指标上仍有一定的差别。国际上已出版的二噁英类分析方法包括美国 EPA 23、EPA

513/613、EPA 8280、EPA 1613、EPA 8290、EPA 1668 方法，以及欧盟的 EN1948，德国 VDI 3298、VDI 3299 方法。

整体说来，这些方法具有检测灵敏度高、选择性好、特异性强等优点，能从复杂的环境、食物样品基质中分离出二噁英类的各种异构体，并定性、定量分析出这些痕量乃至超痕量级的二噁英类化合物，对于正确评价二噁英的生态环境危险性具有重要作用。我国环保部为了规范国内二噁英类的测定方法，于 2009 年 4 月 1 日起也颁布实施了四项二噁英类的相关标准，涵盖了水和废水、环境空气和废气、土壤及固体废物等环境介质，具体标准名称（编号）为：《水质 二噁英类的测定 同位素稀释高分辨气相色谱-高分辨质谱法》（HJ 77.1—2008）、《环境空气和废气 二噁英类的测定 同位素稀释高分辨气相色谱-高分辨质谱法》（HJ 77.2—2008）、《固体废物 二噁英类的测定 同位素稀释高分辨气相色谱-高分辨质谱法》（HJ 77.3—2008）、《土壤和沉积物 二噁英类的测定 同位素稀释高分辨气相色谱-高分辨质谱法》（HJ 77.4—2008）。这四个标准均采用同位素稀释高分辨气相色谱-高分辨质谱法。

以下是对部分二噁英标准分析方法的简单介绍。

1. 美国 EPA 513 方法：分析饮用水中的 2,3,7,8-TCDD；水样经提取，用酸碱改性硅胶柱、氧化铝柱以及 PX-21 活性炭柱净化，采用 HRGC/HRMS 分析；色谱柱为 SP 2330 或 CP-Sil-88；内标为 ^{13}C 标记的 2,3,7,8-TCDD 和 1,2,3,4-TCDD 以及 ^{37}Cl 标记的 2,3,7,8-TCDD。

2. 美国 EPA 613 方法：最早的二噁英类分析方法标准，分析工业废水、城市污水中的 2,3,7,8-TCDD；样品经萃取后，用氧化铝柱及硅胶柱净化；采用 SP 2330 色谱柱，LRMS 或 HRMS 分析；内标为 ^{13}C 或 ^{37}Cl 标记的 2,3,7,8-TCDD。

3. 美国 EPA 23 方法：烟道气中的二噁英类采样和分析方法，可测定 17 种 2,3,7,8 位氯代异构体；用滤筒加 XAD-2 吸附柱进行等速采样，样品经提取后，用改性硅胶、碱性氧化铝净化，净化液用 HRGC/HRMS 分析；色谱柱为长 60 m 的 DB-5 及长 30 m 的 DB-225，质谱的分辨率至少为 10 000；以 ^{13}C 标记的 19 种二噁英异构体为内标，可以对 17 种 2,3,7,8 位氯代异构体单独定量，得到准确的毒性当量结果，并规定了严格的质量控制措施。最新版本为 EPA 0023A。

4. 美国 EPA 8280 方法：分析土壤、底泥、飞灰、燃油、蒸馏残渣和水等废物中含 4～8 个氯的 PCDDs/PCDFs；样品提取后，经碱液、浓硫酸、氧化铝及 PX-2 活性炭柱净化，采用 HRGC/LRMS 分析。可选择三种色谱柱：CP-Sil-88、DB-5 或 SP-2250，内标为 ^{13}C 标记的 8 种 2,3,7,8 位氯代异构体。该方法是后续方法的发展基础，现已推出 EPA 8280A（1995）和 EPA 8280B（1998）等新版本。

5. 美国 EPA 8290 方法：是 EPA 8280 方法的发展，主要差别是分析仪器使用了 HRGC/HRMS；色谱柱主要为 DB-5，并用 DB-225 柱重复分离；内标使用 ^{13}C 或 ^{37}Cl 标记的 11 种异构体。最低检出限达到 10^{-12} 以下。

6. 美国 EPA 1613 方法：类似于 EPA 8290，但是可以测定土壤、底泥、组织及其他样品中的 17 种二噁英类异构体，样品的前处理程序比较复杂；样品先以酸、碱萃取，再以酸碱改性硅胶、HPLC、AX-211 活性炭柱、GPC 等净化；使用 17 种 ^{13}C 标记的 2,3,7,8 位氯代异构体内标，因此可以对 17 种 2,3,7,8 位氯代异构体单独定量，得到准确的毒性当量结果，并规定了严格的质量控制措施。所以比 EPA 8290 的精确度更高，但是分析成本也更高。

7. 美国 TO-9 方法：环境空气中的二噁英类分析方法，用装填聚氨酯泡沫（PUF）的吸附柱吸附环境空气中的二噁英类，吸附柱用苯萃取后，用酸化改性的硅胶及酸性氧化铝柱净化，采用 HRGC/HRMS 分析，色谱柱为 DB-5；内标为 ^{13}C 标记的 2,3,7,8-TCDD，检测限为 $1\sim5$ pg/m^3。

8. 欧洲标准化委员会（CEN）标准 EN 1948：类似于美国的 EPA 23 方法，规定了固定源二噁英类的采样和测定方法，推动了二噁英类分析方法的国际标准化趋势。

9. 日本工业标准 JIS K0312：工业废水和污水中的二噁英类标准分析方法。

10. 日本工业标准 JIS K0311：日本在 1999 年修订的最新版固定源排气中二噁英类标准分析方法。该标准建立在欧洲和美国现有标准的基础之上，并结合了日本近十年的研究经验，具有更强的针对性、良好的可操作性和质量控制措施。采用了 WHO 的新规定，将共平面多氯联苯（co-PCBs）也纳入二噁英类的范畴，要求同时测定样品中的二噁英和co-PCBs，增加了分析难度和成本。

11. 日本空气二噁英类分析标准手册：环境空气中的二噁英类分析方法，用石英纤维滤膜和聚氨酯泡沫（PUF）采集环境空气中的二噁英类，分别用甲苯和丙酮萃取后，经过多层硅胶柱及氧化铝柱净化，采用 HRGC/HRMS 分析定量，内标为 ^{13}C 标记的多种 2,3,7,8 位有氯取代的二噁英同类物，检测限可达到 0.06 pg TEQ/m^3 以下。对于多氯联苯的分析方法，国际上主要以美国 EPA 1668 方法为标准，其分析原理及步骤类似二噁英。该方法检测了所有 209 种多氯联苯衍生物。然而，大概 30% 的多氯联苯衍生物目前还未能完全用色谱分离，这些同分异构体以两个、三个或四个的共存形式来报告，适用于气相、固相、多相以及生物组织体介质。并可在包括清洁水法（Clean Water Act，CWA）及资源保护和循环利用条例（Resource Conservation and Recovery Act，RCRA）等多种不同规范程序下使用。目前检测最多的是 12 种世界卫生组织（WHO）规定的毒性较高的、共平面的 PCBs 和 7 种指示性 PCBs，这两者都包括 PCB118。其中 12 种共平面 PCBs 一般称为类二噁英 PCBs，定量方法主要为同位素稀释高分辨气相色谱-高分辨质谱法。由于二噁英类毒性较大，一般环境检测中，除了报道原始浓度，也列出毒性当量。表 4.1 和表 4.2 为主要检测的 17 种 PCDD/PCDFs 和 12 种共平面 PCBs 的具体组成和毒性当量因子。

表 4.1 PCDDs/PCDFs 的毒性当量因子

	I-TEF	WHO（1998）-TEF	WHO（2005）-TEF
2,3,7,8-TCDF	0.1	0.1	0.1
1,2,3,7,8-PeCDF	0.05	0.05	0.03
2,3,4,7,8-PeCDF	0.5	0.5	0.3
1,2,3,4,7,8-HxCDF	0.1	0.1	0.1

	I-TEF	WHO（1998）-TEF	WHO（2005）-TEF
1,2,3,6,7,8-HxCDF	0.1	0.1	0.1
2,3,4,6,7,8-HxCDF	0.1	0.1	0.1
1,2,3,7,8,9-HxCDF	0.1	0.1	0.1
1,2,3,4,6,7,8-HpCDF	0.01	0.001	0.001
1,2,3,4,7,8,9-HpCDF	0.01	0.001	0.001
OCDF	0.001	0.000 1	0.000 3
2,3,7,8-TCDD	1	1	1
1,2,3,7,8-PeCDD	0.5	1	1
1,2,3,4,7,8-HxCDD	0.1	0.1	0.1
1,2,3,6,7,8-HxCDD	0.1	0.1	0.1
1,2,3,7,8,9-HxCDD	0.1	0.1	0.1
1,2,3,4,6,7,8-HpCDD	0.01	0.001	0.001
OCDD	0.001	0.000 1	0.000 3

注：TCDD—四氯代二苯并二噁英；TCDF—四氯代二苯并呋喃；PeCDD—五氯代二苯并二噁英；PeCDF—五氯代二苯并呋喃；HxCDD—六氯代二苯并二噁英；HxCDF—六氯代二苯并呋喃；HpCDD—七氯代二苯并二噁英；HpCDF—七氯代二苯并呋喃；OCDD—八氯代二苯并二噁英；OCDF—八氯代二苯并呋喃。

表 4.2　共平面 PCBs 的毒性当量因子

	WHO（1998）-TEF	WHO（2005）-TEF
单邻位		
PCB-105	0.000 1	0.000 03
PCB-114	0.000 5	0.000 03
PCB-118	0.000 1	0.000 03
PCB-123	0.000 1	0.000 03
PCB-156	0.000 5	0.000 03
PCB-157	0.000 5	0.000 03
PCB-167	0.000 01	0.000 03
PCB-189	0.000 1	0.000 03
非邻位		
PCB-77	0.000 1	0.000 1
PCB-81	0.000 1	0.000 3
PCB-126	0.1	0.1
PCB-169	0.001	0.03

第二节 分析方法原理及分析步骤

一、分析方法原理

经前处理后的样品经氮吹定容后进行高分辨气相色谱-高分辨质谱分析。高分辨气相色谱-高分辨质谱对痕量、超痕量有机污染物的分析具有独特的专一性和高灵敏度的特点，采用同位素稀释法对二噁英类化合物进行检测，可以获得极高的精密度和准确度，并且可以对其中的每种成分进行定性定量。

1. 色谱柱的选择和柱效

二噁英类化合物的仪器分析方法基本上都是采用气相色谱来进行分离，色谱柱是进行色谱分离的主要场所。色谱柱的极性、长短和膜厚等性能直接影响待分析物质的出峰顺序和分离程度，尤其对于复杂的混合物，色谱柱的选择就更为重要。分析测定二噁英类物质要求所选择的色谱柱对所有分析物都具有良好的分离效果，并且它们的流出顺序已被判明。

DB-5 是目前在二噁英类化合物分析中最常用的色谱柱，可以满足日常分离的需要。但是，DB-5 无法满足分离确认 2,3,7,8-TCDF 的条件，所以对某些需要准确检测 2,3,7,8-TCDF 的样品，需要用一定极性的色谱柱来分离。为了将 2,3,7,8-TCDF 完全分开，美国 EPA 1613 中还建议使用极性较强的 DB-225 色谱柱。SP-2331 或 SP-2330 石英毛细管柱经常用来对某些结果进行确认，但这两种色谱柱均不能高温使用，使用寿命较短，而且对于高氯代的二噁英成分，特别是 OCDD/OCDF，重现效果较差。JIS 方法中建议分别使用 SP-2331 和 DB-17 或 DB-5 来分离 4～6 位氯代和 7、8 位氯代的二噁英组分，使分析成本有所提高。为了提高二噁英类定性分析的准确性，一些实验室也采用 DB-Dioxin 柱来确认 2,3,7,8-TCDF。

目前市售的适用于二噁英类分析用色谱柱有 BPX-DXN（SGE），CPS-1（Quadrex），CP-Sil 88（Chrompack），DB-5（J&W），DB-17（J&W），DB-210（J&W），DB-225（J&W），OV-17（Quadrex），RH-12 ms（Inventx），SP-2331（Supelco）等。此类色谱柱的规格和使用条件见表 4.3。

2. 高分辨质谱的要求

二噁英类化合物种类繁多、成分复杂、性质相似，一般检测器很难对其进行有效的分离检测。高分辨质谱由于具有质量范围宽、扫描速度快、灵敏度高（全扫描模式）的优点，且可提供母离子和碎片离子的精确质量数及可能的元素组成，因此在二噁英类化合物的定性、定量分析中发挥着重要的应用。

不论是 EPA、JIS 还是 EN 标准，都明确规定了测定二噁英类物质时质谱的分辨率要大于 10 000（10%峰谷）。即相邻的两个质谱峰，当它们相交所形成的峰谷的高度等于峰高的 10%时认为这两个峰分开。然而在实际操作中很难找到两个挨得足够近的峰，所以就出现了单峰分辨率的定义。即调谐状态下，一个质量数为 M 的单峰，其 5%峰高处的峰宽度为 ΔM 时获得的分辨率（R）：

$$R=\frac{M}{\Delta M}$$

（4-1）

表 4.3　市售常见色谱柱的规格与使用条件

色谱柱类型	柱长/m	内径/mm	膜厚/μm	升温条件	适合分离对象
BPX-DXN（SGE）	60	0.25	未公开	130℃（1min）→（15℃/min）→210℃→（3℃/min）→310℃→（5℃/min）→320℃	$T_4CDDs,P_5CDDs,$ $H_6CDDs,H_7CDDs,$ $O_8CDD,T_4CDFs,$ $P_5CDFs,H_6CDFs,$ $H_7CDFs,O_8CDF,T_4CBs,$ $P_5CBs,H_6CBs,$ H_7CBs
CPS-1（Quadrex）	50	0.25	0.25	120℃（1min）→（30℃/min）→180℃→（2℃/min）→230℃	$T_4CDDs,P_5CDDs,$ $H_6CDDs, T_4CDFs,$ P_5CDFs,H_6CDFs
CP-Sil 88（Chrompack）	50	0.22	0.20	150℃（0min）→（30℃/min）→180℃→（2℃/min）→230℃	$T_4CDDs,P_5CDDs,$ $H_6CDDs, T_4CDFs,$ P_5CDFs,H_6CDFs
DB-17（J&W）	30	0.32	0.25	120℃（1min）→（20℃/min）→160℃→（3℃/min）→280℃	$T_4CDDs,P_5CDDs,$ $H_6CDDs, T_4CDFs,$ P_5CDFs,H_6CDFs
DB-210（J&W）	30	0.32	0.25	120℃（0min）→（20℃/min）→160℃→（2℃/min）→240℃	$T_4CDDs,P_5CDDs,$ $H_6CDDs, T_4CDFs,$ P_5CDFs,H_6CDFs
DB-225（J&W）	30	0.32	0.25	120℃（0min）→（20℃/min）→160℃→（2℃/min）→240℃	$T_4CDDs,P_5CDDs,$ $H_6CDDs, T_4CDFs,$ P_5CDFs,H_6CDFs
DB-5（J&W）	30	0.32	0.25	120℃（1min）→（50℃/min）→180℃→（3℃/min）→280℃	$T_4CDDs,P_5CDDs,$ $H_6CDDs, T_4CDFs,$ P_5CDFs,H_6CDFs
OV-17（Quadrex）	50	0.32	0.25	120℃（1min）→（20℃/min）→160℃→（3℃/min）→280℃	$T_4CDDs,P_5CDDs,$ $H_6CDDs, T_4CDFs,$ P_5CDFs,H_6CDFs
RH-12ms（Inventx）	60	0.25	未公开	130℃（1min）→（15℃/min）→210℃→（3℃/min）→310℃→（5℃/min）→320℃	$T_4CDDs,P_5CDDs,$ $H_6CDDs,H_7CDDs,$ $O_8CDD,T_4CDFs,$ $P_5CDFs,H_6CDFs,$ $H_7CDFs,O_8CDF,T_4CBs,$ $P_5CBs,H_6CBs,$ H_7CBs
SP-2331（Supelco）	60	0.25	0.20	120℃（1min）→（50℃/min）→200℃→（2℃/min）→260℃	$T_4CDDs,P_5CDDs,$ $H_6CDDs, T_4CDFs,$ $P_5CDFs,H_6CDFs,$

具体示意图见图 4.1。

分辨率的保证对获得精确的测定结果十分重要，因为环境中可能存在十分相似的干扰物质，而这些物质的含量常常比二噁英类含量高好几个数量级。分析 2,3,7,8-TCDD 常见的干扰物质及分离需要的分辨率见图 4.2。

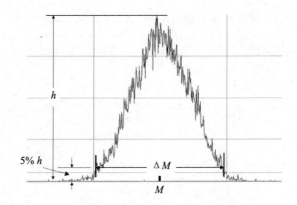

图 4.1　单峰分辨率定义示意图

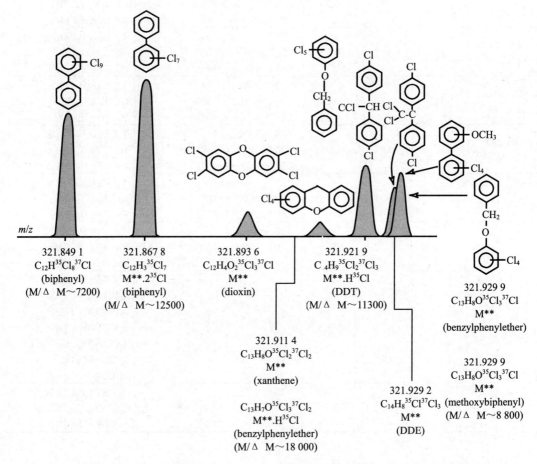

图 4.2　2,3,7,8-TCDD 常见的干扰物质

　　EPA 1613 和 EPA 1668 方法中规定执行任何分析前必须在合适质荷比（m/z）下验证质谱静态分辨率大于 10 000。每 12 h 开始及结束时验证静态分辨率，分辨率不符合要求时应予以校正。如果 HRMS 能够实时监测分辨率，在分辨率低于 10 000 时可以中止检测以节省再分析时间。同时，高分辨状态（$R > 10\,000$）下能够在 1 s 内重复监测 12 个选择离子。

而我国相关标准（HJ 77—2008）亦规定对内标物分辨率要求在 12 000 以上。

3. 时间窗口的确认

分析二噁英类化合物，一般使用 DB-5 柱，虽然总体趋势是保留时间随氯取代数的增加而增长，但由于氯取代位的不同，各个同族体的保留时间会发生一定程度的交叉。为了准确检测出所有的目标化合物，设定精确的 VSIR 窗口十分重要。如 EPA 1613 给出了窗口定义化合物的流出顺序，见表 4.4。

表 4.4　DB-5 柱上 PCDDs/PCDFs 同系物 GC 保留时间窗口及指定异构体测试标准

	第一出峰物质	最后出峰物质
TCDF	1,3,6,8-	1,2,8,9-
TCDD	1,3,6,8-	1,2,8,9-
PeCDF	1,3,4,6,8-	1,2,3,8,9-
PeCDD	1,2,4,7,9-	1,2,3,8,9-
HxCDF	1,2,3,4,6,8-	1,2,3,4,8,9-
HxCDD	1,2,4,6,7,9-	1,2,3,4,6,7-
HpCDF	1,2,3,4,6,7,8,-	1,2,3,4,7,8,9-
HpCDD	1,2,3,4,6,7,9-	1,2,3,4,6,7,8-

4. 离子碎片的丰度比

二噁英类的定性定量要求绝对准确。定性的第一步是保留时间的比较，为了确认，需要利用离子碎片的丰度比进一步检验。氯元素在自然界中有两种主要的同位素形式，^{35}Cl 和 ^{37}Cl，二者天然丰度分别为 75 和 25。利用这个关系，选择检测的二噁英类碎片之间有一定的比例关系，这个关系可以用来确定碎片是否含有相同数目的氯原子，从而达到进一步验证的目的。PCDDs/PCDFs 和 PCBs 的碎片理论丰度以及检测中允许的浮动范围列于表 4.5。

表 4.5　PCDDs/PCDFs 和 PCBs 的碎片理论丰度以及检测中允许的浮动范围

项目	氯原子数目	丰度比的计算	理论丰度比	低限	高限
PCDDs/PCDFs	4	$M/(M+2)$	0.77	0.65	0.89
	5	$(M+2)/(M+4)$	1.55	1.32	1.78
	6	$(M+2)/(M+4)$	1.24	1.05	1.43
	6 [b]	$M/(M+2)$	0.51	0.43	0.59
	7	$(M+2)/(M+4)$	1.05	0.88	1.20
	7 [c]	$M/(M+2)$	0.44	0.37	0.51
	8	$(M+2)/(M+4)$	0.89	0.76	1.02
PCBs	1	$M/(M+2)$	3.13	2.66	3.60
	2	$M/(M+2)$	1.56	1.33	1.79
	3	$M/(M+2)$	1.04	0.88	1.20
	4	$M/(M+2)$	0.77	0.65	0.89
	5	$(M+2)/(M+4)$	1.55	1.32	1.78
	6	$(M+2)/(M+4)$	1.24	1.05	1.43
	7	$(M+2)/(M+4)$	1.05	0.89	1.21
	8	$(M+2)/(M+4)$	0.89	0.76	1.02
	9	$(M+2)/(M+4)$	0.77	0.65	0.89
	10	$(M+2)/(M+4)$	0.69	0.59	0.79

注：高限和低限为理论丰度比±15%范围的两端值；

b，c 表示仅用于 ^{13}C 标记的同位素同族体。

如果不能满足相应的丰度比，则要根据具体情况采取相应的措施。如目标物占结果比重较大（＞10%），则改换确认柱进行分析。如仍得不到满足，则采用估计的最大可能浓度（EMPC）来定量。EMPC是采用相对较小的碎片峰面积，根据理论的丰度比计算得到的浓度。EMPC结果应该在报告中明确标注以供参考。

二、分析步骤

1. 高分辨气相色谱条件设定

色谱柱选择好后，需对色谱条件进行优化，以达到必要的分离要求。EPA 1613 中规定 $^{13}C_{12}$-1,2,3,4-TCDD 在 DB-5 柱上的绝对保留时间应超过 25 min，在 DB-225 柱上的绝对保留时间应超过 15 min。而对 PCB 来说，要求 CB209 在 SPB-辛基柱上绝对保留时间必须超过 55 min。若达不到上述要求，应重新调节 GC 升温程序并重复测试直到符合要求为止。在分析 PCDDs/PCDFs 时，需计算与 2,3,7,8-TCDDs/TCDFs 相近的色谱峰之间的峰谷百分比，峰谷高度比峰高要≤25%，否则，要调节分析条件或更换色谱柱。欧盟对二噁英的色谱分离要求为 1,2,3,4,7,8-HxCDF 与 1,2,3,6,7,8-HxCDF 分离度达到 25%。

下面以 PCDDs/PCDFs 为例，列举某二噁英实验室推荐使用的分析条件。

高分辨 GC 条件：

进样方式：不分流进样 1 μl

色谱柱：DB-5 MS（60 m DB-5 MS 色谱柱，内径 0.25 mm，膜厚 0.25 μm）

进样口温度：270℃

载气流量：1.5 ml/min

升温程序：采用初始温度140℃，保持 1 min 后以 20℃/min 的速度升温至 200℃，停留 1 min 后以 5℃/min 的速度升温至 220℃，停留 16 min 后以 5℃/min 的速度升温至 225℃后以 5℃/min 的速度升温至 310℃停留 10 min。

高分辨 MS 条件：

色质接口温度：270℃

离子源温度：250℃

离子化电流：600 μA

EI 源电压：35 eV

离子加速电压：8 kV

质量校准物质：PFK

质谱分辨率：大于 10 000

选择离子：如表 4.6 所示

PCBs 的分析以 EPA 1668 方法为依据，高分辨 GC 条件和高分辨 MS 条件基本与 PCDDs/PCDFs 一致。不同之处主要为气相色谱升温程序、质谱窗口和选择离子，一般实验室主要分析毒性较大的 12 种共平面 PCBs。因此，色谱升温程序的设计应首先考虑到这 12 个化合物的分离，而质谱窗口和选择离子按照 EPA 1668 设置（表 4.7）。需要指出的是，EPA 1668 中质谱窗口和选择离子涉及了一氯代至十氯代联苯，而 12 种共平面 PCBs 只包括四氯代至七氯代联苯，EPA 1668 方法中对 PCBs 质谱窗口和选择离子的设置，为之后扩展 PCBs 种类的分析范围奠定了基础。

表 4.6　PCDD/Fs 在 HRGC/HRMS 的扫描窗口、氯代程度、监测化合物及 *m/z*

Descriptor 窗口	Extract *m/z* 提取离子质量数	*m/z* Type *m/z* 类型	Elemental Composition 化学分子式	Substance 物质名称
1	292.9825	lock	C_7F_{11}	PFK
	303.9016	*M*	$C_{12}H_4{}^{35}Cl_4O$	TCDF
	305.8987	*M+2*	$C_{12}H_4{}^{35}Cl_3{}^{37}Cl\,O$	TCDF
	315.9419	*M*	$^{13}C_{12}H_4{}^{35}Cl_4O$	TCDF[3]
	317.9389	*M+2*	$^{13}C_{12}H_4{}^{35}Cl_3{}^{37}Cl\,O$	TCDF[3]
	319.8965	*M*	$C_{12}H_4{}^{35}Cl_4\,O_2$	TCDD
	321.8936	*M+2*	$C_{12}H_4{}^{35}Cl_3{}^{37}Cl\,O_2$	TCDD
	327.8847	*M*	$C_{12}H_4{}^{37}Cl_4\,O_2$	TCDD[4]
	330.9792	QC	C_7F_{13}	PFK
	331.9368	*M+2*	$^{13}C_{12}H_4{}^{35}Cl_4\,O_2$	TCDD[3]
	333.9339	*M+2*	$^{13}C_{12}H_4{}^{35}Cl_3{}^{37}Cl\,O_2$	TCDD[3]
	375.8364	*M+2*	$C_{12}H_4{}^{35}Cl_5{}^{37}Cl\,O$	HxCDPE
2	339.8597	*M+2*	$C_{12}H_3{}^{35}Cl_4{}^{37}Cl\,O$	PeCDF
	341.8567	*M+4*	$C_{12}H_3{}^{35}Cl_3{}^{37}Cl_2\,O$	PeCDF
	351.9000	*M+2*	$^{13}C_{12}H_3{}^{35}Cl_4{}^{37}Cl\,O$	PeCDF
	353.8970	*M+4*	$^{13}C_{12}H_3{}^{35}Cl_4{}^{37}Cl_2\,O$	PeCDF[3]
	354.9792	lock	C_9F_{13}	PFK
	355.8546	*M+2*	$C_{12}H_3{}^{35}Cl_4{}^{37}ClO_2$	PeCDD
	357.8516	*M+4*	$C_{12}H_3{}^{35}Cl_3{}^{37}Cl_2O_2$	PeCDD
	367.8949	*M+2*	$^{13}C_{12}H_3{}^{35}Cl_4{}^{37}ClO_2$	PeCDD[3]
	369.8919	*M+4*	$^{13}C_{12}H_3{}^{35}Cl_3{}^{37}Cl_2O_2$	PeCDD[3]
	409.7974	*M+2*	$C_{12}H_3{}^{35}Cl_6{}^{37}ClO$	HpCDPE
3	373.8208	*M+2*	$C_{12}H_2{}^{35}Cl_5{}^{37}ClO$	HxCDF
	375.8178	*M+4*	$C_{12}H_2{}^{35}Cl_4{}^{37}Cl_2O$	HxCDF
	383.8639	*M*	$^{13}C_{12}H_2{}^{35}Cl_5O$	HxCDF[3]
	385.8610	*M+2*	$^{13}C_{12}H_2{}^{35}Cl_5{}^{37}ClO$	HxCDF[3]
	389.8157	*M+2*	$C_{12}H_2{}^{35}Cl_5{}^{37}ClO_2$	HxCDD
	391.8127	*M+4*	$C_{12}H_2{}^{35}Cl_4{}^{37}Cl_2O_2$	HxCDD
	392.9760	lock	C_9F_{15}	PFK
	401.8559	*M+2*	$^{13}C_{12}H_2{}^{35}Cl_5{}^{37}ClO_2$	HxCDD[3]
	403.8529	*M+4*	$^{13}C_{12}H_2{}^{35}Cl_4{}^{37}Cl_2O_2$	HxCDD[3]
	430.9729	QC	C_9F_{17}	PFK
	445.7555	*M+4*	$C_{12}H_2{}^{35}Cl_6{}^{37}Cl_2O$	OCDPE
4	407.7818	*M+2*	$C_{12}H{}^{35}Cl_6{}^{37}ClO$	HpCDF
	409.7789	*M+4*	$C_{12}H{}^{35}Cl_5{}^{37}Cl_2O$	HpCDF
	417.8253	*M*	$^{13}C_{12}H{}^{35}Cl_7O$	HpCDF[3]
	419.8220	*M+2*	$^{13}C_{12}H{}^{35}Cl_6{}^{37}ClO$	HpCDF[3]
	423.7766	*M+2*	$C_{12}H{}^{35}Cl_6{}^{37}ClO_2$	HpCDD
	425.7737	*M+4*	$C_{12}H{}^{35}Cl_5{}^{37}Cl_2O_2$	HpCDD
	430.9729	lock	C_9F_{17}	PFK
	435.8169	*M+2*	$^{13}C_{12}H{}^{35}Cl_6{}^{37}ClO_2$	HpCDD[3]
	437.8140	*M+4*	$^{13}C_{12}H{}^{35}Cl_5{}^{37}Cl_2O_2$	HpCDD[3]
	479.7165	*M+4*	$^{13}C_{12}H{}^{35}Cl_7{}^{37}Cl_2O$	NCDPE

Descriptor 窗口	Extract *m/z* 提取离子质量数	*m/z* Type *m/z* 类型	Elemental Composition 化学分子式	Substance 物质名称
5	441.7428	*M+2*	$C_{12}{}^{35}Cl_7{}^{37}ClO$	OCDF
	442.9728	lock	$C_{10}F_{17}$	PFK
	443.7399	*M+4*	$C_{12}{}^{35}Cl_6{}^{37}Cl_2O$	OCDF
	457.7377	*M+2*	$C_{12}{}^{35}Cl_7{}^{37}ClO_2$	OCDD
	459.7348	*M+4*	$C_{12}{}^{35}Cl_6{}^{37}Cl_2O_2$	OCDD
	469.7779	*M+2*	${}^{13}C_{12}{}^{35}Cl_7{}^{37}ClO_2$	OCDD[3]
	471.7750	*M+4*	${}^{13}C_{12}{}^{35}Cl_6{}^{37}Cl_2O_2$	OCDD[3]
	513.6775	*M+4*	$C_{12}{}^{35}Cl_8{}^{37}Cl_2O$	DCDPE

2. 仪器分析

PCDDs/PCDFs 和 PCBs 分析调谐各窗口内 PFK 参考离子的荷质比分别见表 4.6 和表 4.7。分辨率必须大于等于 10 000，且 *m/z* 的监测值与理论值之差不得大于 $5×10^{-6}$。由于 HRMS 在高分辨模式下工作，质量漂移 $5×10^{-6}$ 就有可能对分析结果产生不利影响。使用 PFK 锁定离子进行质量漂移校正，调节进入 HRMS 的 PFK 量，使锁定离子的 *m/z* 信号最大值不高于设定参数下偏转全程的 10%，这种条件下可以有效地监测灵敏度的变化，在分辨率低于 10 000 时终止检测。

3. 校正曲线及验证

（1）校正曲线的制作

同位素稀释法用于 17 种 2,3,7,8 位取代的 TCDDs/TCDFs 和 12 种共平面 PCBs 制备浓度范围内目标化合物的校正曲线。使用线性回归做出标准溶液的 *RR* 相对响应与浓度的标准曲线。每条标准曲线选择 5 个浓度。每个浓度平行进样 3 次。计算每个 PCDDs/PCDFs 和 PCBs 同其相应内标物的相对响应因子。5 点校正曲线相对响应因子一致（偏差系数小于 20%）时，计算平均响应因子（RRF Mean），否则需使用 5 点校正曲线来进行校正。

（2）校正曲线的验证

每天样品分析前需校正标准 CS3（中间浓度点），并验证 RRF 偏差小于 20%。

4. 定性与定量

（1）定性

对标准、空白及样品中的 PCDDs/PCDFs、PCBs 和同位素标记化合物进行定性需满足如下条件：①样品中检出的分析物离子信噪比（S/N）必须大于 2.5，校正标准中离子信噪比（S/N）必须大于 10。②表 4.6 和表 4.7 分析物的两个定量离子必须存在并且在 2 s 内同时达到最大值。PCDDs/PCDFs 见表 4.6，PCBs 见表 4.7。③这两种离子的离子丰度比必须在表 4.5 的范围内。④17 种 2,3,7,8 位取代的 PCDDs/PCDFs 的相对保留时间必须在表 4.8 的范围内。PCBs 见 EPA 1668 方法。

表 4.7　多氯联苯在 HRGC/HRMS 的扫描窗口、氯代程度、监测化合物及 m/z

窗口及氯代水平	m/z	m/z 类型	化学式	名称
	188.039 3	M	$^{12}C_{12}H_9^{35}Cl$	Cl-1 CB
	190.036 3	$M+2$	$^{12}C_{12}H_9^{37}Cl$	Cl-1 CB
Fn-1；Cl-1	200.079 5	M	$^{13}C_{12}H_9^{35}Cl$	$^{13}C_{12}$ Cl-1 CB
	202.076 6	$M+2$	$^{13}C_{12}H_9^{37}Cl$	$^{13}C_{12}$ Cl-1 CB
	218.985 6	lock	C_4F_9	PFK
	222.000 3	M	$^{12}C_{12}H_8^{35}Cl_2$	Cl-2 CB
	223.997 4	$M+2$	$^{12}C_{12}H_8^{35}Cl^{37}Cl$	Cl-2 CB
	225.994 4	$M+4$	$^{12}C_{12}H_8^{37}Cl_2$	Cl-2 CB
Fn-2；Cl-2,3	234.040 6	M	$^{13}C_{12}H_8^{35}Cl_2$	$^{13}C_{12}$ Cl-2 CB
	236.037 6	$M+2$	$^{13}C_{12}H_8^{35}Cl^{37}Cl$	$^{13}C_{12}$ Cl-2 CB
	242.985 6	lock	C_6F_9	PFK
	255.961 3	M	$^{12}C_{12}H_7^{35}Cl_3$	Cl-3 CB
	257.958 4	$M+2$	$^{12}C_{12}H_7^{35}Cl_2^{37}Cl$	Cl-3 CB
	255.961 3	M	$^{12}C_{12}H_7^{35}Cl_3$	Cl-3 CB
	257.958 4	$M+2$	$^{12}C_{12}H_7^{35}Cl_2^{37}Cl$	Cl-3 CB
	259.955 4	$M+4$	$^{12}C_{12}H_7^{35}Cl^{37}Cl_2$	Cl-3 CB
	268.001 6	M	$^{13}C_{12}H_7^{35}Cl_3$	$^{13}C_{12}$ Cl-3 CB
	269.998 6	$M+2$	$^{13}C_{12}H_7^{35}Cl_2^{37}Cl$	$^{13}C_{12}$ Cl-3 CB
	280.982 5	lock	C_6F_{11}	PFK
	289.922 4	M	$^{12}C_{12}H_6^{35}Cl_4$	Cl-4 CB
	291.919 4	$M+2$	$^{12}C_{12}H_6^{35}Cl_3^{37}Cl$	Cl-4 CB
Fn-3；Cl-3,4,5	293.916 5	$M+4$	$^{12}C_{12}H_6^{35}Cl_2^{37}Cl_2$	Cl-4 CB
	301.962 6	M	$^{13}C_{12}H_6^{35}Cl_4$	$^{13}C_{12}$ Cl-4 CB
	303.959 7	$M+2$	$^{13}C_{12}H_6^{35}Cl_3^{37}Cl$	$^{13}C_{12}$ Cl-4 CB
	323.883 4	M	$^{12}C_{12}H_5^{35}Cl_5$	Cl-5 CB
	325.880 4	$M+2$	$^{12}C_{12}H_5^{35}Cl_4^{37}Cl$	Cl-5 CB
	327.877 5	$M+4$	$^{12}C_{12}H_5^{35}Cl_3^{37}Cl_2$	Cl-5 CB
	337.920 7	$M+2$	$^{13}C_{12}H_5^{35}Cl_4^{37}Cl$	$^{13}C_{12}$ Cl-5 CB
	339.917 8	$M+4$	$^{13}C_{12}H_5^{35}Cl_3^{37}Cl_2$	$^{13}C_{12}$ Cl-5 CB
	289.922 4	M	$^{12}C_{12}H_6^{35}Cl_4$	Cl-4 CB
	291.919 4	$M+2$	$^{12}C_{12}H_6^{35}Cl_3^{37}Cl$	Cl-4 CB
	293.916 5	$M+4$	$^{12}C_{12}H_6^{35}Cl_2^{37}Cl_2$	Cl-4 CB
	301.962 6	M	$^{13}C_{12}H_6^{35}Cl_4$	$^{13}C_{12}$ Cl-4 CB
	303.959 7	$M+2$	$^{13}C_{12}H_6^{35}Cl_3^{37}Cl$	$^{13}C_{12}$ Cl-4 CB
	323.883 4	M	$^{12}C_{12}H_5^{35}Cl_5$	Cl-5 CB
	325.880 4	$M+2$	$^{12}C_{12}H_5^{35}Cl_4^{37}Cl$	Cl-5 CB
	327.877 5	$M+4$	$^{12}C_{12}H_5^{35}Cl_3^{37}Cl_2$	Cl-5 CB
Fn-4；Cl-4,5,6	330.979 2	lock	C_7F_{15}	PFK
	337.920 7	$M+2$	$^{13}C_{12}H_5^{35}Cl_4^{37}Cl$	$^{13}C_{12}$ Cl-5 CB
	339.917 8	$M+4$	$^{13}C_{12}H_5^{35}Cl_3^{37}Cl_2$	$^{13}C_{12}$ Cl-5 CB
	359.841 5	$M+2$	$^{12}C_{12}H_4^{35}Cl_5^{37}Cl$	Cl-6 CB
	361.838 5	$M+4$	$^{12}C_{12}H_4^{35}Cl_4^{37}Cl_2$	Cl-6 CB
	363.835 6	$M+6$	$^{12}C_{12}H_4^{35}Cl_3^{37}Cl_3$	Cl-6 CB
	371.881 7	$M+2$	$^{13}C_{12}H_4^{35}Cl_5^{37}Cl$	$^{13}C_{12}$ Cl-6 CB
	373.878 8	$M+4$	$^{13}C_{12}H_4^{35}Cl_4^{37}Cl_2$	$^{13}C_{12}$ Cl-6 CB

窗口及氯代水平	m/z	m/z 类型	化学式	名称
	323.883 4	M	$^{12}C_{12}H_5^{35}Cl_5$	Cl-5 CB
	327.877 5	$M+4$	$^{12}C_{12}H_5^{35}Cl_3^{37}Cl_2$	Cl-5 CB
	337.920 7	$M+2$	$^{13}C_{12}H_5^{35}Cl_4^{37}Cl$	$^{13}C_{12}$ Cl-5 CB
	339.917 8	$M+4$	$^{13}C_{12}H_5^{35}Cl_3^{37}Cl_2$	$^{13}C_{12}$ Cl-5 CB
	354.979 2	lock	C_9F_{13}	PFK
	359.841 5	$M+2$	$^{12}C_{12}H_4^{35}Cl_5^{37}Cl$	Cl-6 CB
	361.838 5	$M+4$	$^{12}C_{12}H_4^{35}Cl_4^{37}Cl_2$	Cl-6 CB
	363.835 6	$M+6$	$^{12}C_{12}H_4^{35}Cl_3^{37}Cl_3$	Cl-6 CB
Fn-5；Cl-5,6,7	371.881 7	$M+2$	$^{13}C_{12}H_4^{35}Cl_5^{37}Cl$	$^{13}C_{12}$ Cl-6 CB
	373.878 8	$M+4$	$^{13}C_{12}H_4^{35}Cl_4^{37}Cl_2$	$^{13}C_{12}$ Cl-6 CB
	393.802 5	$M+2$	$^{12}C_{12}H_3^{35}Cl_6^{37}Cl$	Cl-7 CB
	395.799 5	$M+4$	$^{12}C_{12}H_3^{35}Cl_5^{37}Cl_2$	Cl-7 CB
	397.796 6	$M+6$	$^{12}C_{12}H_3^{35}Cl_4^{37}Cl_3$	Cl-7 CB
	405.842 8	$M+2$	$^{13}C_{12}H_3^{35}Cl_6^{37}Cl$	$^{13}C_{12}$ Cl-7 CB
	407.839 8	$M+4$	$^{13}C_{12}H_3^{35}Cl_5^{37}Cl_2$	$^{13}C_{12}$ Cl-7 CB
	454.972 8	QC	$C_{11}F_{17}$	PFK
	393.802 5	$M+2$	$^{12}C_{12}H_3^{35}Cl_6^{37}Cl$	Cl-7 CB
	395.799 5	$M+4$	$^{12}C_{12}H_3^{35}Cl_5^{37}Cl_2$	Cl-7 CB
	397.796 6	$M+6$	$^{12}C_{12}H_3^{35}Cl_4^{37}Cl_3$	Cl-7 CB
	405.842 8	$M+2$	$^{13}C_{12}H_3^{35}Cl_6^{37}Cl$	$^{13}C_{12}$ Cl-7 CB
	407.839 8	$M+4$	$^{13}C_{12}H_3^{35}Cl_5^{37}Cl_2$	$^{13}C_{12}$ Cl-7 CB
	427.763 5	$M+2$	$^{12}C_{12}H_2^{35}Cl_7^{37}Cl$	Cl-8 CB
	429.760 6	$M+4$	$^{12}C_{12}H_2^{35}Cl_6^{37}Cl_2$	Cl-8 CB
	431.757 6	$M+6$	$^{12}C_{12}H_2^{35}Cl_5^{37}Cl_3$	Cl-8 CB
	439.803 8	$M+2$	$^{13}C_{12}H_2^{35}Cl_7^{37}Cl$	$^{13}C_{12}$ Cl-8 CB
	441.800 8	$M+4$	$^{13}C_{12}H_2^{35}Cl_6^{37}Cl_2$	$^{13}C_{12}$ Cl-8 CB
	442.972 8	QC	$C_{10}F_{13}$	PFK
Fn-6；Cl-7,8,9,10	454.972 8	lock	$C_{11}F_{13}$	PFK
	461.724 6	$M+2$	$^{12}C_{12}H_1^{35}Cl_8^{37}Cl$	Cl-9 CB
	463.721 6	$M+4$	$^{12}C_{12}H_1^{35}Cl_7^{37}Cl_2$	Cl-9 CB
	465.718 7	$M+6$	$^{12}C_{12}H_1^{35}Cl_6^{37}Cl_3$	Cl-9 CB
	473.764 8	$M+2$	$^{13}C_{12}H_1^{35}Cl_8^{37}Cl$	$^{13}C_{12}$ Cl-9 CB
	475.761 9	$M+4$	$^{13}C_{12}H_1^{35}Cl_7^{37}Cl_2$	$^{13}C_{12}$ Cl-9 CB
	495.685 6	$M+2$	$^{12}C_{12}^{35}Cl_9^{37}Cl$	Cl-10 CB
	497.682 6	$M+4$	$^{12}C_{12}^{35}Cl_8^{37}Cl_2$	Cl-10 CB
	499.679 7	$M+6$	$^{12}C_{12}^{35}Cl_7^{37}Cl_3$	Cl-10 CB
	507.725 8	$M+2$	$^{13}C_{12}^{35}Cl_9^{37}Cl$	$^{13}C_{12}$ Cl-10 CB
	509.722 9	$M+4$	$^{13}C_{12}^{35}Cl_8^{37}Cl_2$	$^{13}C_{12}$ Cl-10 CB
	511.719 9	$M+6$	$^{13}C_{12}^{35}Cl_7^{37}Cl_3$	$^{13}C_{12}$ Cl-10 CB

注：用于正确计算分子量的同位素质量：^1H 为 1.007 8；^{12}C 为 12.000 0；^{13}C 为 13.003 4；^{35}Cl 为 34.968 9；^{37}Cl 为 36.965 9；^{19}F 为 18.998 4。

表 4.8　PCDD/Fs 相对保留时间（RRT）及最低水平要求

二噁英类分析物	保留时间和定量参考	相对保留时间	最低水平		
			水/ （pg/L;ppq）	固体/ （ng/kg;ppt）	提取液/ （pg/µl;ppb）
采用 $^{13}C_{12}$-1,2,3,4-TCDD 作为进样内标					
2,3,7,8-TCDF	$^{13}C_{12}$-2,3,7,8-TCDF	0.999～1.003	10	1	0.5
2,3,7,8-TCDD	$^{13}C_{12}$-2,3,7,8-TCDD	0.999～1.002	10	1	0.5
1,2,3,7,8-PeCDF	$^{13}C_{12}$-1,2,3,7,8-PeCDF	0.999～1.002	50	5	2.5
2,3,4,7,8-PeCDF	$^{13}C_{12}$-2,3,4,7,8-PeCDF	0.999～1.002	50	5	2.5
1,2,3,7,8-PeCDD	$^{13}C_{12}$-1,2,3,7,8-PeCDD	0.999～1.002	50	5	2.5
$^{13}C_{12}$-2,3,7,8- TCDF	$^{13}C_{12}$-1,2,3,4-TCDD	0.923～1.103			
$^{13}C_{12}$-2,3,7,8-TCDD	$^{13}C_{12}$-1,2,3,4-TCDD	0.976～1.043			
$^{37}Cl_4$-2,3,7,8-TCDD	$^{13}C_{12}$-1,2,3,4-TCDD	0.989～1.052			
$^{13}C_{12}$-1,2,3,7,8-PeCDF	$^{13}C_{12}$-1,2,3,4-TCDD	1.000～1.425			
$^{13}C_{12}$-2,3,4,7,8-PeCDF	$^{13}C_{12}$-1,2,3,4-TCDD	1.011～1.526			
$^{13}C_{12}$-1,2,3,7,8-PeCDD	$^{13}C_{12}$-1,2,3,4-TCDD	1.000～1.567			
采用 $^{13}C_{12}$-1,2,3,7,8,9-HxCDD 作为进样内标					
1,2,3,4,7,8-HxCDF	$^{13}C_{12}$-1,2,3,4,7,8-HxCDF	0.999～1.001	50	5	2.5
1,2,3,6,7,8-HxCDF	$^{13}C_{12}$-1,2,3,6,7,8-HxCDF	0.999～1.005	50	5	2.5
1,2,3,7,8,9-HxCDF	$^{13}C_{12}$-1,2,3,7,8,9-HxCDF	0.999～1.001	50	5	2.5
2,3,4,6,7,8-HxCDF	$^{13}C_{12}$-2,3,4,6,7,8-HxCDF	0.999～1.001	50	5	2.5
1,2,3,4,7,8-HxCDD	$^{13}C_{12}$-1,2,3,4,7,8-HxCDD	0.999～1.001	50	5	2.5
1,2,3,6,7,8-HxCDD	$^{13}C_{12}$-1,2,3,6,7,8-HxCDD	0.998～1.004	50	5	2.5
1,2,3,7,8,9-HxCDD		1.000～1.019	50	5	2.5
1,2,3,4,6,7,8-HpCDF	$^{13}C_{12}$-1,2,3,4,6,7,8-HpCDF	0.999～1.001	50	5	2.5
1,2,3,4,7,8,9-HpCDF	$^{13}C_{12}$-1,2,3,4,7,8,9-HpCDF	0.999～1.001	50	5	2.5
1,2,3,4,6,7,8-HpCDD	$^{13}C_{12}$-1,2,3,4,6,7,8-HpCDD	0.999～1.001	50	5	2.5
OCDF	$^{13}C_{12}$- OCDD	0.999～1.008	100	10	5.0
OCDD	$^{13}C_{12}$- OCDD	0.999～1.001	100	10	5.0
$^{13}C_{12}$-1,2,3,4,7,8-HxCDF	$^{13}C_{12}$-1,2,3,7,8,9-HxCDD	0.944～0.970			
$^{13}C_{12}$-1,2,3,6,7,8-HxCDF	$^{13}C_{12}$-1,2,3,7,8,9-HxCDD	0.949～0.975			
$^{13}C_{12}$-1,2,3,7,8,9-HxCDF	$^{13}C_{12}$-1,2,3,7,8,9-HxCDD	0.977～1.047			
$^{13}C_{12}$-2,3,4,6,7,8-HxCDF	$^{13}C_{12}$-1,2,3,7,8,9-HxCDD	0.959～1.021			
$^{13}C_{12}$-1,2,3,6,7,8-HxCDD	$^{13}C_{12}$-1,2,3,7,8,9-HxCDD	0.981～1.003			
$^{13}C_{12}$-1,2,3,4,6,7,8-HpCDF	$^{13}C_{12}$-1,2,3,7,8,9-HxCDD	1.043～1.085			
$^{13}C_{12}$-1,2,3,4,7,8,9-HpCDF	$^{13}C_{12}$-1,2,3,7,8,9-HxCDD	1.057～1.151			
$^{13}C_{12}$-1,2,3,4,6,7,8-HpCDD	$^{13}C_{12}$-1,2,3,7,8,9-HxCDD	1.086～1.110			
$^{13}C_{12}$-OCDD	$^{13}C_{12}$-1,2,3,7,8,9-HxCDD	1.032～1.311			

（2）定量

所有数据均由色谱工作站自动完成。计算程序严格按照同位素稀释法、内标法对2,3,7,8 位取代的 PCDDs/PCDFs 和 12 种共平面 PCBs、相应的同位素标记内标和非 2,3,7,8 位取代的 PCDDs/PCDFs 进行定性及定量。

①同位素稀释法定量

由于 PCDDs/PCDFs、PCBs 及相应同位素标记物在萃取、浓缩及色谱中行为相似，可以通过在萃取前向样品中加入已知量的同位素标记化合物来校正上述分析物的回收率。使用待测物的相对响应因子和平均相对响应因子可直接确定浓度。

$$C_{\text{ex}} = \frac{(A1_n + A2_n)C_1}{(A1_1 + A2_1)RR} \qquad RR = \frac{(A1_n + A2_n)C_1}{(A1_1 + A2_1)C_n} \tag{4-2}$$

式中：C_{ex}——萃取液中分析物浓度，ng/ml；

　　　$A1_n$ 和 $A2_n$——分析物的初级和二级监测离子的峰面积之和；

　　　$A1_1$ 和 $A2_1$——标记化合物的初级和二级监测离子的峰面积之和；

　　　C_1——校正标准中标记化合物的浓度；

　　　C_n——校正标准中分析物的浓度；

　　　RR——分析物同其标记化合物的相对响应因子。

②内标法定量

使用平均响应因子及式（4-3）计算萃取液中的 1,2,3,7,8,9-HxCDD、OCDF、^{13}C 标记物、^{37}Cl 净化内标以及非 2,3,7,8 位取代的 PCDDs/PCDFs 的浓度：

$$C_{\text{ex}} = \frac{(A1_s + A2_s)C_{is}}{(A1_{is} + A2_{is})RF} \qquad RF = \frac{(A1_s + A2_s)C_{is}}{(A1_{is} + A2_{is})C_s} \tag{4-3}$$

式中：C_{ex}——萃取液中分析物浓度，ng/ml；

　　　$A1_s$ 和 $A2_s$——分析物的初级和二级监测离子的峰面积之和；

　　　$A1_{is}$ 和 $A2_{is}$——内标化合物的初级和二级监测离子的峰面积之和；

　　　C_{is}——校正标准中内标化合物的浓度；

　　　C_s——校正标准中分析物的浓度；

　　　RF——分析物同其内标物的相对影响因子。

注：^{37}Cl 同位素标记内标仅有一个精确 m/z。

（3）回收率计算

使用计算萃取液浓度及式（4-4）计算 ^{13}C 标记内标及 ^{37}Cl 净化内标的回收率：

$$回收率（\%） = \frac{计算浓度（\mu g / ml）}{添加浓度（\mu g / ml）} \times 100\% \tag{4-4}$$

（4）结果表示

标准、空白及样品中分析物及同位素标记化合物结果以 3 位有效数字报告。

5. 检出限

（1）仪器检出限

在制作校准曲线的系列浓度标准溶液中，选择最低浓度的溶液进行 7 次以上重复测定，对溶液中 PCDDs/PCDFs 和 PCBs 进行定量，计算测定值的标准偏差 S，取标准偏差的 3 倍

（3S）为仪器检出限。

（2）方法检出限

使用与实际采样操作相同的采样材料和试剂（如吸收液、吸附剂、滤筒等），按照本方法进行提取，提取液中添加标准物质；然后进行净化、仪器分析、定性和定量。重复上述操作 5 次，计算测定值的标准偏差，取标准偏差的 3 倍为方法检出限。

（3）样品检出限

在实际样品分析时，对样品检出限进行检验和确认。其相当于样品的色谱图上 3 倍噪声（95%置信区间）峰面积对应的测定值（Peak to Peak 定义），为样品测定时的检出限。

6. 浓度及毒性当量的计算

（1）浓度

大于样品检出限的异构体浓度直接记录，低于样品检出限的异构体浓度记为"N.D."。同类物总浓度根据异构体浓度进行加和计算。

①烟道气样品

$$浓度(ng/m^3) = \frac{C_{ex} \times V_{ex}}{V_s \times k} \times \frac{21-11}{21-O_s} \qquad (4-5)$$

式中：C_{ex}——萃取液浓度，ng/m^3；

V_{ex}——萃取液体积，ml；

V_s——标况采样体积，m^3；

k——分取比例；

O_s——含氧量。

②固体样品（飞灰、纸浆、原料及纸产品）

$$固相浓度[ng/kg(样品干重)] = \frac{C_{ex} \times V_{ex}}{W_s \times k} \qquad (4-6)$$

式中：C_{ex}——萃取液浓度，ng/kg；

V_{ex}——萃取液体积，ml；

W_s——固相重量（干重），kg；

k——分取比例。

③水样

$$浓度(pg/L) = \frac{C_{ex} \times V_{ex}}{V_s \times k} \qquad (4-7)$$

式中：C_{ex}——萃取液浓度；

V_{ex}——萃取液体积，ml；

V_s——液相体积，L；

k——分取比例。

（2）TEQ 浓度

将 17 种 2,3,7,8 位取代 PCDDs/PCDFs 和 12 种共平面 PCBs 的实测浓度进一步换算为毒性当量浓度（TEQ），毒性当量浓度为实测浓度与对应异构体的毒性当量因子（见表 4.1和表 4.2）（根据需要选择 I-TEF 或 WHO-TEF）的乘积。对于低于样品检出限的测定结果可根据实际情况选用 0、1/2 样品检出限或样品检出限来计算毒性当量。

实测浓度单位以 ng/kg 表示，毒性当量浓度单位以 ng -TEQ/kg（干重）表示。

第三节　我国二噁英类的分析研究现状及展望

目前就二噁英类的检测方法而言，一般主要有两大类方法，即仪器分析法和生物分析法。20 世纪 90 年代美国环境保护局公布的检测 PCDDs/PCDFs 和 PCBs 的标准方法 EPA 1613 方法和 EPA 1668 方法等，奠定了用高分辨气相色谱-高分辨质谱（HRGC-HRMS）联机检测二噁英类的技术方法。该方法检测二噁英类准确度高，但测试费用昂贵、测试周期长，对操作人员的素质要求也高。近年来，我国二噁英实验室建设加快，现有二噁英实验室 20 多家。但我国的二噁英类污染源分布广泛，现有二噁英实验室的数量还不足以开展二噁英类污染源的全方位监测。

因此，实验室的建设还需要进一步加强，同时要充分利用现有实验室的能力和条件。HRGC/LRMS 自动化程度高，仪器维护和使用都很方便，现已成为我国环境分析检测实验室的常规仪器，使用 HRGC/LRMS 分析环境样品中"ng/g"级二噁英类样品，如果能严格按照国际上通用的质量保证与质量控制标准同样可以获得可靠的结果。在我国现阶段可以形成少数 HRGC/HRMS 二噁英类检测实验室与多数 HRGC/LRMS 实验室相互支持、相互补充的格局，开展多层次的二噁英类监测。

另外，在二噁英类检测方面也需要突破现有检测技术对资金、技术、人员等的限制，发展适用于不同实验室需求的二噁英类简易分析方法。生物检测方法普遍具有价格低廉、高通量和便于推广应用等特点，近年来在全球范围内得到了飞速的发展和应用。目前，我国部分科研机构通过合作已经开始使用从国外引进的二噁英类生物检测方法，包括 EROD、ELISA 和基于报告基因的二噁英类生物检测等。开发简易、快速、低廉的分析方法和现场监测技术是今后二噁英类分析检测研究的方向，通过研究简易的取样方法和前处理方法、采用廉价的分析仪器、利用有生物选择性的生物测试技术和代替指标的分析方法等技术简化前处理步骤，缩短检测时间，降低检测成本。该方法将在第六章中介绍。

第五章　数据质量管理与质量控制要求

第一节　采　样

采样应根据监测目的、监测方法及监测内容，确定采样点位、采样时间、频次、间隔时段和采样方法，使样品在数量上、时空分布上能正确反映被测物质的浓度水平和变化规律，保证所采样品有足够的代表性、完整性和可比性。样品采集的同时还应该收集现场的数据和资料，主要包括环境要素的监测数据、环境条件数据、污染源调查监测数据、现场调查数据和实测数据等。

一、废气样品采集过程中质量管理与质量控制要求

废气中二噁英类样品的采集过程要严格按照《固定污染源排气中颗粒物测定与气态污染物采样方法》（GB/T 16157—1996）和《环境空气和废气　二噁英类的测定　同位素稀释高分辨气相色谱-高分辨质谱法》（HJ 77.2—2008）中相关要求进行。质量管理与质量控制主要要求包括：废气中二噁英类采集在条件允许下必须选用等速采样，等速采样的相对偏差要在±10%范围内；气体流量计应达到精确度要求，并且定期校准；添加采样内标的回收率要在 70%～130%之间；如果废气流速很小（＜5 m/s）或气流不稳定时可采用恒流采样，采样时间要足够长（一般要大于 2 h），以避免短时间的工况不稳定对采样结果的影响。二噁英类采样的过程中要记录烟气中相关参数（一氧化碳、二氧化硫、含氧量、氧气温度等）的变化，关注焚烧系统工况的变化。采样空白要按照采集样品数目的 10%频次执行。具体要求可参照 EPA 23A 方法有关质量控制要求。

另外，污染源废气中二噁英类的测定需要注意以下几点：

1. 采样器材的准备和保存

使用的滤筒、吸附剂、吸收液要充分洗净，特别是吸附剂从样品洗净后到样品采集前，要放在周围没有空气污染的密闭容器中保存。

2. 样品采集装置

样品采集装置所使用的器具及零件要充分洗净，尽量减少器具等带来的污染，样品采集前，固定好所有部件、检查装置的气密性、装置有无泄漏点。液体捕集部温度在 5～6℃以下，滤筒（膜）和吸附树脂应避光保存，并注意滤筒温度应高于露点，低于 120℃。

3. 气体流量计

气体流量计的刻度对样品量采集有很大的影响，量值必须有正确的溯源，定期进行校正，如果依靠厂家进行校正，厂家必须进行量值溯源，才可以定期进行流量计的校正。

4. 采集有代表性的样品

采集的样品要有代表性，一般对于连续运转的焚烧炉的测定以 4 h 为基准，从燃烧状态稳定开始，最少 1 h 后开始采样。

对于间歇式的运转炉，考虑正常运转时为其代表样品，要避开焚烧炉刚开始和停止状态进行采样，如果考虑炉开始和停止时的影响，把结果全包括在内，要对应运行状况采集样品。

在样品采集过程中，同时连续测定温度、一氧化碳、氧量等，要记录从样品采集到采样结束运行状态的变化，附在报告书中。

5. 样品采集

样品采集过程中要避免滤筒捕集部分二噁英类物质的分解和二次生成，避免接触塑料、硅橡胶等有吸附性能的材质，尽量减少焚烧烟气与聚四氟乙烯类材质（有文献证明该类物质同样对二噁英类有吸附作用）的吸附。等速采样前事先测定温度、压力、水分、组成等，计算等速采样的流量，选择适当的采样嘴。

6. 样品的储存和运输

采集到的样品应保存在密闭容器内，以防止周围空气混入和样品向周围泄漏，样品储存和运输过程中要避光。

二、空气样品采集过程中质量管理与质量控制要求

大流量空气采样器的技术标准应满足《总悬浮颗粒物采样器技术要求及检测方法》（HJ/T 374—2007）的相应要求，环境空气中二噁英类样品的采集应按照《环境空气和废气二噁英类的测定　同位素稀释高分辨气相色谱-高分辨质谱法》（HJ 77.2—2008）中相关内容进行。主要质量管理与质量控制要求为，首先对采样周边环境是否存在显著污染源排放及无组织焚烧情况进行调查，然后按照监测目的合理地布设监测点位。采样点位选择应具有代表性，高度要在 1.5 m 以上，空气流通要顺畅，应避免地面扬尘；采样时段要尽量避开大风和下雨天气；添加采样内标的回收率要在 70%～130%之间；记录详细的采样信息，主要包括采样流量、采样时间、采样期间的气相参数、采样点位的经纬度以及采样点位周边情况等，对采样现场和周边环境进行拍照，附在采样记录后面。具体质量控制可参考 EPA TO-9 方法执行。

三、土壤样品、沉积物样品采集过程中质量管理与质量控制要求

土壤样品的采集参照《土壤环境监测技术规范》（HJ/T 166—2004）执行，沉积物样品采集参照《海洋监测规范　第 3 部分：样品采集、贮存与运输》（GB 17378.3—2007）执行。采样工具应保持清洁，采样前使用水和有机溶剂清洗，不同样品采集时要避免交叉污染，采样设备和材料在使用前应充分洗净避免污染。采样人员现场应填写采样记录，采样记录应包含样品的名称、样品量、样品颜色、采样点位坐标及周边情况。样品采集后应贮存在密闭容器内避免损失及污染，样品最好在避光条件下运输或贮存。

采样点应选择在地形相对平坦、稳定、植被生长良好的地点；低洼或坡度较大等地点不宜设采样点。背景土壤样品采样点应与不同类型污染源具有一定距离；在具体的土壤样

品点位布设过程中，还应根据监测的目的、监测区域的环境状况等因素确定。各种类型土壤的具体采样点位布设原则参照 HJ/T 166—2004 执行。

根据国家环境管理要求和相关技术规范，确定采样时间和采样频次，力求以最低的采样频次，取得最有时间代表性的样品。污染事故土壤样品的监测频次根据监测的具体目的确定。

土壤二噁英采样工具可用铁锹、铁铲、柱状采样器及木铲。土壤样品的采集量为 1.0 kg 左右的混合样。采集的土壤样品应用锡箔纸包裹严实并放入密实袋待排尽空气后避光保存，并尽快分析。具体采样方式参照 HJ/T 166—2004 执行。土壤样品的采样频次应根据实际监测方案目的和要求，并参考国家环境管理要求和相关技术规范确定。

注意事项：

1. 在采样过程中，应剔除样品中的砾石、动植物残体等杂物。

2. 采样工具需要在采样前后进行清洗，同时应防止锈蚀或损坏。

3. 土壤二噁英类样品的采集按照国家相关技术规范，每批次需要采集平行样品，平行样品采集数量不得低于 10%。

四、水质样品采集过程中质量管理与质量控制要求

水质样品的采集需要按照《水和废水监测分析方法（第四版）》（国家环保总局，2002年）有关有机污染物水质采样要求进行水样采集、固定及贮存。废水样品采集量约 5 L，地表水、地下水或饮用水等洁净水体应采集 20 L 以上，加入硫酸及抗坏血酸酸性状态下固定保存。采样器具需要充分清洁以减低空白影响，样品封装后需要避光低温保存，并尽快转至实验室分析，同时为确保采集样品的代表性，在国家相关规定的采集要求基础上，需要采集平行样品、全程空白样品。

地表水中二噁英类样品的采样工具和容器应使用对二噁英类无吸附作用的不锈钢制、聚四氟乙烯或玻璃材质，使用前要用甲醇（丙酮）及甲苯（二氯甲烷）充分清洗。水样采集后可在现场萃取或带回实验室分析。具体采样方法可参照 HJ/T 91—2002。

1. 采样注意事项

（1）采样时不可搅动水底的沉积物，应注意除去水面的杂物、垃圾等漂浮物。

（2）采样时应使用定位仪（GPS）定位，保证采样点的位置准确。

（3）认真填写水质采样记录，现场记录字迹应端正、清晰，项目完整。表的内容主要包括：采样时间、地点、样品编号、样品外观、样品种类、水温、气象等参数。

（4）如需在现场对水样进行萃取富集，则需要添加二噁英提取内标，并现场记录提取内标名称及添加量。

（5）二噁英类样品的采集按照国家相关技术规范，每批次需要采集平行样品，测定全程序空白。平行样品采集数量不得低于 10%。

（6）实际采样量不得低于测定所需样品量，测定所需样品量可根据式（5-1）估算。

$$V = Q_{DL} \times \frac{y}{x} \times \frac{V_E}{V_E'} \times \frac{1}{\rho_{DL}} \qquad (5\text{-}1)$$

式中：V——测定所需样品量，L；

　　Q_{DL}——测定方法的检测下限，pg；

　　y——最终检测液量，μl；

　　x——GC/MS 注入量，μl；

　　V_E——萃取液量，ml；

　　V_E'——萃取液分取量，ml；

　　ρ_{DL}——所需试样的检测下限，pg/L。

2. 样品的保存及运输

水质样品应密封避光保存运输，尽快进行分析测定。水质样品的保存与管理应符合 HJ 493—2009 的规定。

第二节　前处理

前处理过程中净化内标应添加在样品提取之前。对于液相样品的萃取，应严格掌握液-液萃取条件，确保萃取发生在目标溶剂层。对于应用索氏提取器的固体样品，在索氏提取之前应充分干燥。对于硫酸处理-硅胶柱净化过程，应确认淋洗后样品溶液无明显颜色。改变硅胶柱淋洗溶剂种类和填充材料时，应重新制作淋洗曲线，避免样品中二噁英类在净化过程中的损失。使用氧化铝柱净化时，由于氧化铝的活性随着生产批号和开封后的保存时间不同而有很大的变化，活性降低时 2,3,7,8-TeCDD 和 2,3,7,8-TeCDF 可能会在第一部分淋洗液中溶出，而八氯代物用规定量的 50%的二氯甲烷-正己烷溶液在第二部分淋洗液中不能洗脱出来。所以在操作之前，用煤灰提取液等包含全部二噁英类的样品进行分步实验，以确定条件。使用活性炭硅胶柱也应通过制作淋洗曲线确认分离效果。净化内标的回收率应满足以下标准要求。使用中性或碱性洗涤剂对使用过的玻璃器皿及时清洗，确保样品间不存在交叉污染。

注 1：每个样品中单个 2,3,7,8-氯代 PCDD/PCDF 的萃取标的回收率如下：

1. 四氯代至六氯代同类物回收率为 50%～130%；

2. 七氯代至八氯代同类物回收率为 40%～130%；

3. 某种同类物的回收率若超过上面的要求，但对总的 1-TEQ 的毒性贡献不超过 10%的话，其回收率的范围放宽到以下要求：

（1）四氯代至六氯代同类物回收率为 30%～150%；

（2）七氯代至八氯代同类物回收率为 20%～150%；

（3）作为定量的 ^{13}C 标记的同类物的信噪比＞20∶1。

第三节　仪器分析

仪器定性和定量应在质量控制上注意如下事项。

一、气质联机 GC/MS

根据测定目的设定测定条件，通过调节仪器响应的线性、稳定性、能够产生测定误差的干扰物质的有无及误差的大小、消除情况等，使仪器能够准确地测定样品。

1. 气相色谱仪的调整

设定柱箱温度、进样口温度、载气流量等条件，仪器稳定后，各个氯代物的保留时间在一定的范围，每个色谱峰充分分离，柱上进样时间、清洗气的流量要适当设定。

毛细管色谱柱，如果测定对象和其他成分不能很好地分离，则选择新的色谱柱，也可以将色谱柱的一端或两端截去 300 mm，如果能够很好地分离，仍可以使用该色谱柱。

2. 质谱仪的调整

向质谱仪中注入质量校正用标准物质，通过质谱仪的质量校正程序进行质量校准和分辨率调整，确认仪器的灵敏度，并将调整结果记录保存。

3. 气质联机的操作条件

通过毛细管柱分离得到的色谱峰宽是 5~10 s，在一个色谱峰上为保证有充分的测定点，必须要求选择离子的检定周期在 1 s 以下。一次分析能设定的通道数要和要求的灵敏度保持均衡，充分探讨后设定。

考虑色谱图上各个峰的保留时间，可以通过时间分割的方法进行分组测定。在这种情况下，要保证相应的内标准物质的色谱峰出现在对应的时间窗内。

4. 仪器的维护管理

为了维持气质联机的工作性能，必须进行日常的维护管理，特别是气相色谱接口和离子源容易受到污染对仪器的灵敏度、分辨率和测定精度有很大的影响，要进行必要的清洗和维护。

二、仪器灵敏度的变动

每天至少1次用标准曲线中间浓度点进行测定确认内标物的灵敏度和制作标准曲线时的灵敏度有没有变化。

二噁英类的各氯代异构体和内标物的相对灵敏度和标准曲线制作时的相对灵敏度的比在±20%以内，超过该范围查找原因，用以前的样品重新测定。

色谱峰的保留时间随着色谱柱性能变差，慢慢地发生变动，要采取必要的措施。如果保留时间在一天内变化超过±5%，或者与内标物的相对保留时间比超出±2%范围，应查找原因，重新测定。

三、标准曲线的校正

测定几个标准溶液求相对灵敏度，和制作标准曲线时的相对灵敏度进行比较；或者直接用制备标准曲线时的实际样品重新测定，与当时的相对灵敏度相差±20%以内，如果超过该范围，说明仪器调整有问题，应查找原因并重新对标准曲线进行校正和样品测定。

第四节　数据处理与计算

数据处理过程中应提供分析的原始图谱文件、数据计算的表格，HRGC/HRMS 例行检查、调谐和校准记录。检出限、空白实验、内标回收率结果及确认情况，分析流程操作的原始记录。依据毛细管色谱柱对二噁英类不同异构体的共流出情况，校正分析结果。标明对低于样品检出限的目标化合物的定量方式，具体如下。

一、确认内标准物质的回收率

确认净化内标物的回收率，必须保证内标物的回收率在本章第二节注 1 要求的范围内，超出此范围，要查明原因，提取液再重新净化后测定。

二、检出限及定量下限的确认

1. 仪器的检出限和定量下限

制作标准曲线的标准溶液的最低浓度。对 2,3,7,8 位氯代异构体进行定量，这样的操作反复进行 5 次以上，计算测定结果的标准偏差，标准偏差的 3 倍为仪器检出限，10 倍为仪器定量下限。

如果仪器的检出限超过相关标准规范使用要求，需要重新检查器具、仪器，要调整仪器的检出限低于以上值。

仪器的检出限和定量下限随着使用 GC/MS 的状态而变化，一定周期内要进行确认。在使用仪器和测定条件变化的时候必须进行确认。

2. 测定方法的检出限和定量下限

将与实际测定的样品等量的样品按照相同方法进行前处理，使用 GC/MS 进行定性和定量分析流程，反复测定 5 次以上，测得结果求标准偏差，标准偏差的 3 倍为检出限，10 倍为定量下限。

计算出样品的检出限和定量下限，得到的样品的检出限应为实际评价浓度的 1/30 以下。测定方法的检出限和定量下限随着前处理和测定条件的变化而变化，一定周期内要进行确认。在前处理和测定条件变化的时候必须进行确认。样品的检出限和定量下限随着样品量的不同而不同，应每个样品分别计算。

3. 样品测定时检出限和定量下限的确定

实际样品测定时，至少在 2,3,7,8 位氯代异构体中没有检出峰，依据色谱图上色谱峰附近基线噪声峰高和标准溶液的色谱图，计算样品测定的定量下限。通过这种方法计算的值必须低于测定方法的检出限和定量下限。如果计算结果超过测定方法的检出限和定量下限，必须查找在前处理操作、上机测定时是否存在问题，重新进行测定，至少样品测定时的检出限和定量下限应低于最初设定值。

三、空白实验

二噁英类分析空白实验一般需要考虑实验室空白和全程空白两种。

1. 实验室空白实验

实验室空白是为了确认由于样品制备和进样操作等原因引起的污染。在没有污染的环境下，准备和实际样品同一批号的采样器具、吸附剂、吸收液、提取试剂、净化分离试剂等，和样品同样的操作条件进行操作。

如果样品前处理的操作所针对的污染能够得到充分控制，可以不必每次都进行空白实验。但在下面两种情况下必须进行空白实验。

（1）使用新的试剂和器材，或者使用修理过的机械，前处理操作有大的变更。

（2）测定样品浓度较高，样品之间可能有污染。

2. 全程空白实验

全程空白是确认从采样准备开始到样品测定有无污染的过程。除不采集样品外，其他操作与样品完全相同。运到实验室后按照相同操作条件进行操作。

全程空白除考虑样品运输过程的污染（如电集尘器收集的飞灰的污染）必须测定以外，其他情况如果污染控制非常充分的话，可以不必每次都测定。为了保证样品采集的正确性，在采样之前要充分研讨，提供必要的数据。

全程空白实验的数量为整个采集样品总数的 5%，必要时可以采 3 个样品，取其平均值，对测定值进行如下校正。

如果全程空白的平均值和实验室空白的结果相同，则认为可以忽略样品运输的污染。

如果全程空白值大于实验室空白值，则进行如下操作。

（1）如果全程空白值小于样品测定值时，计算空白实验值的 10 倍标准偏差时的浓度值，如果测定值大于全程空白 10 倍标准偏差的浓度值时，则用测定值减去全程空白值计算测定的浓度。

（2）如果测定值小于全程空白 10 倍标准偏差的浓度值或者低于全程空白值时，可以判断为测定值的准确性有问题，操作失误，应查找污染的原因，重新进行采样分析。

四、平行样测定

同一个样品用两台仪器进行采集，平行样占整个样品的 10%。对于 2,3,7,8 位氯取代的异构体的测定值超过检出限 3 倍以上的，求其结果的平均值，确认每个样品的测定值在平均值的 ±30% 以内。

在样品不能进行平行样采集时，可以省略；如果样品的采集过程充分控制，也可以不必每次都进行平行采样。为了保证样品采集的正确性，在采样之前要充分研讨，提供必要的数据。

五、标准物质

测定值通过采集样品与标准物质的测定结果进行比较而得出的，为了保证测定值的准确性，要使用确保准确溯源的标准物质。为了防止标准物质由于溶剂的蒸发引起浓度变化，必须放入玻璃制的密闭容器中，在冷暗的地方保存。有严格的管理保证措施。

第六章 生物检测技术

随着一系列二噁英类物质污染事件的发生，人们越来越清楚地意识到该类物质对环境及人类健康的威胁。上述的化学分析方法虽然检测限低，可以准确提供环境中二噁英类的种类和浓度，但其前处理复杂，检测周期长，成本较高，无法满足快速筛选的需要，使其在环境、食品和卫生等领域的应用受到极大限制。由于对二噁英类监测需求的递增，无论是发达国家还是发展中国家都迫切需要一种成本低、时间短、操作简便的二噁英类检测技术。此外，在处理二噁英类污染事件以及监督性监测时，快速对二噁英类定性和定量也是非常必要的。

近 20 年来，分子生物学领域的研究异常活跃，取得了巨大成就。其中特异性强、灵敏度高、操作简便且分析时间短的生物检测技术发展迅猛。尤其是在众多学者成功弄清二噁英类的致毒机理之后，基于该机理产生了多种二噁英类生物学检测方法，其检测限可以跟 HRGC/HRMS 媲美。因此本章在介绍了二噁英类生物学作用机制之后，列举几种目前常用的生物学检测方法。

第一节 二噁英类生物学作用机理

许多研究表明，细胞内胞液中存在芳香烃受体（Aryl hydrocarbon Receptor，AhR），这是一种配体依赖性转录因子（Ligand-dependent Transcription Factor）。芳香烃受体是一高分子量的蛋白质（110～150 kD），属于 Basic Helix-loop-helix PAS（Per-Arnt-Stim）超家族，该家族均为转录因子，对激活基因的转录具有重要意义。AhR 与二噁英类化学物质有可逆转的高亲和力。二噁英类是脂溶性物质，进入细胞后，可以活化其受体-芳香烃受体（AhR）发挥毒理学效应，即二噁英类进入细胞质后，与 AhR 特异性结合，受体被激活（也称为活化），形成了配体-受体复合物。形象地说，可以将二噁英类比喻成钥匙，AhR 是锁头，钥匙将锁头打开并激起了它的活性。之后，该复合物由细胞质转入细胞核，与细胞核中的芳香烃受体核转运蛋白 ARNT（Ah receptor Nuclear Translocator Protein，ARNT）结合成二聚异构体 AhR/ARNT 复合体（也称异源二聚体），使得该复合体具备转录因子的活性。该复合物可以直接调控特定的 DNA 片段——二噁英响应基因芳香烃受体反应元件（Dioxin Response Element，DRE；也称异性物质反应单位：Xenobiotics Responsive Elements，XRE）增强子作用，激活基因的转录[4]。DRE 的核苷酸序列具有高度保守性，不同动物种属的 DNA 序列相似，核心序列为 5′-TNGCGTG-3′。DRE 顺式作用元件是一个大家族，281～950 个碱基间有九个顺式反应元件，其中三个为二噁英反应元件，位于特定转录基因 5′末端之前另六个元件的作用不详。但当 AhR/ARNT 复合物与二噁英反应元件结合后其余几个反应元件更易与各自的蛋白作用因子结合[5]。被二噁英活化的 AhR/ARNT 复合体一旦与 DRE 结合，DNA 构象就发生改变，并使与 DRE 相联的特定基因组发生转录，促使相同序列的 DNA 结合。被活化的 AhR/ARNT 复合体与 DRE 结合之后，也会使 DRE 下游的基因活化。当环境中的芳香族二噁英类物质存在时，被活化的 AhR-ARNT 和 DRE 在结合之后，会促使基因启动转录形成 RNA（mRNA）。RNA（mRNA）被运输至细胞核外之后在细胞质内 mRNA 经翻译作用后产生 CYP1A1 解毒酶合成基因及新的蛋白质。这个蛋白质被认为就是二噁英的毒性来源。由于二噁英与芳香烃受体接触的量与其诱导基因表达的能力在一定范围内成正比，因此可通过检测特异基因的表达产物来反映二噁英类化学物质的量。图 6.1 为 AhR 行为机理示意图

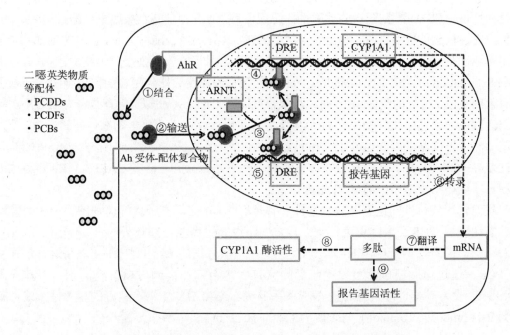

图 6.1 二噁英类物质基因表达诱导分子生物学作用机理

注：①当环境中的芳香族二噁英类物质侵入细胞内之后，就和细胞质中的 AhR 结合。

②AhR-配体复合物与芳香烃受体核转运蛋白 ARNT 结合。

③二噁英类物质-AhR-ARNT 的三相复合体被输送到细胞核内。

④三相复合体和 CYP1A1 基因或其他拥有 DRE 的基因结合，并指导合成 CYP1A1 酶和其他蛋白质。

⑤ ④中的 DRE 下游基因，被报告基因所转换的部分，会指导合成报告基因。

⑥各个基因所拥有的信息被转译成 mRNA。

⑦利用 mRNA 的信息，合成蛋白质，即翻译。

⑧在经由④之后，CYP1A1 酶被合成，可通过其活性测定二噁英物质的量。

⑨在经由⑤之后，合成产生了报告基因，通过测定其活性得到二噁英类物质的量。

第二节　体外受体配体结合法

体外受体、配体结合实验是基于二噁英类在体外可激活细胞质内的 AhR，使之与特定序列的双链 DNA 结合，结合的 DNA 受蛋白质保护可抵抗核酸外切酶消化而被保留，痕量的二噁英-AhR 复合物或与 DNA 结合的复合物可以通过 PCR 检测出来。该方法灵敏度高，无需细胞培养，但在一定程度上易受到 PAH 的干扰，无法区分激动性和拮抗性。目前主要由[³H]-TCDD 竞争结合实验、细胞溶质中受体结合实验、活化 AhR 结合 32P-DNA 实验[6]和 ¹²⁵I 标记的二溴代二苯并二噁英的竞争性抑制反应来测定。

上述体外受体配体结合法中，大部分使用了放射性同位素。当特异性结合 AhR 或形成特异性蛋白质-DNA 复合物的放射性标记配体后，通过测量其在凝胶电泳滞后得到 DNA 上的放射性核素的放射活性，进而获得结合 DNA 含量及结合能力大小，再减去对照组（用二甲基亚砜处理）相同位置的放射活性即得待测二噁英的放射强度。该实验称为 GRAB（Gel Retardation of AhR DNA Binding）法，是测量二噁英类体外受体配体结合法的一种极为有效的手段，得到的剂量-效应曲线与报告基因法 CALUX 相似。但有些在 CALUX 实验中弱活性或无活性的化学物质在 GRAB 实验中呈阳性，这说明化学物在体外激活 Ah 受体的能力和诱导细胞基因表达并不存在必然相关性[6]。而且在两个实验中化学物 AhR 的结合存在差异：GRAB 中二噁英直接在体外温育条件下结合 AhR，而在 CALUX 中则要经过细胞膜，才能与细胞溶质中的 AhR 结合。

然而使用放射性同位素具有危害性。孙晞等[6, 7]建立了一种新的无细胞、无放射性污染的酶切保护 PCR（聚合酶链式反应）方法检测二噁英类，在体外与含二噁英反应元件的 DNA 作用形成二噁英-AhR-DNA 复合物，用核酸外切酶 ExoⅢ和 S1 核酸酶进行消化后做 PCR，通过琼脂糖电泳可以检测目的 DNA 是否存在；同时以有机溶剂二甲基亚砜（DMSO）设为对照。得到的剂量-效应关系曲线与 CALUX 方法有良好的相关性，线性范围为 0.01 pmol/L～10 nmol/L TCDD，EC_{50} 为 10 pmol/L。

第三节　基于抗体的免疫法

免疫方法以其选择性好、灵敏度高，在很多方面得到了应用。自 20 世纪 70 年代起人们也开始探索其在二噁英检测中的使用。目前基于二噁英抗体酶联免疫反应的方法，主要包括酶联免疫吸附分析（Enzyme-Linked Immunosorbnent Assay，ELISA）和时间分辨荧光免疫分析法（Dissociation-Enhanced Lanthanide Fluorescent Immunoassay，DELFIA）等。免疫法对单个二噁英化合物具有特异性，可制备成试剂盒，用酶标仪完成分析。

一、酶联免疫吸附法

酶联免疫吸附试验（ELISA）是一种广泛应用在测定液体样本中的蛋白、抗体或激素的免疫分析技术。结合在固相载体表面的抗原或抗体仍保持其免疫学活性，酶标记的抗原或抗体既保留其免疫学活性，又保留酶的活性。在测定时，受检标本（测定其中的抗体或抗原）与固相载体表面的抗原或抗体起反应。用洗涤的方法使固相载体上形成的抗原抗体复合物与液体中的其他物质分开。再加入酶标记的抗原或抗体，也通过反应而结合在固相载体上。此时固相上的酶量与标本中受检物质的量呈一定的比例。加入酶反应的底物后，底物被酶催化成为有色产物，产物的量与标本中受检物质的量直接相关，故可根据呈色的深浅进行定性或定量分析。由于酶的催化效率很高，间接地放大了免疫反应的结果，使测定方法达到很高的敏感度。在 ELISA 方法分析时，一般使用的溶剂为二甲基亚砜（DMSO）和甲醇。在用 ELISA 方法测定二噁英类时，有以多克隆抗体检测 PCDDs 的，检测限可达 240 pg/ml，线性范围为 40～4 800 pg/ml；也有以单克隆抗体识别共平面结构化合物 3,3′,4,4′-四氯联苯的，检测限可达 10^{-9} 级[6]。

常见的 ELISA 试验方法有 4 种，分别为直接法、间接法、双抗体夹心法、竞争法。下面对这 4 种常见方法做简要介绍。

1．直接法（Direct ELISA）：将抗原直接固定在固相载体上，加入酶标记的一级抗体，即可测定抗原总量，此一级抗体的特异性非常重要。

优势：操作手续简短，因无需使用二抗可避免交互反应。

缺点：试验中的一抗都得用酶标记，但不是每种抗体都适合做标记，费用相对提高。

2．间接法（Indirect ELISA）：此测定方法与直接法类似，差别在于一级抗体没有酶标记，改用酶标记的二级抗体去辨识一级抗体来测定抗原量。

优势：二抗可以加强信号，而且有多种选择能做不同的测定分析。不加酶标记的一级抗体则能保留它最多的免疫反应性。

缺点：交互反应发生的概率较高。

3．双抗体夹心法（Sandwich ELISA）：被检测的抗原包被在两个抗体之间，其中一个抗体将抗原固定于固相载体上，即捕捉抗体。另一个则是检测抗体，此抗体可用酶标记后直接测定抗原的量；或不标记，再透过酶标记的二级抗体来测定抗原的量。这两种抗体必须小心选取，才可避免交互反应或竞争相同的抗原结合部位。

优势：高灵敏、高专一性，抗原无需事先纯化。

缺点：抗原一定得拥有两个以上的抗体结合部位。

4．竞争法（Competitive ELISA）：样本里的抗原（自由抗原）和纯化并固定在固相载体上的抗原（固定抗原）一起竞争相同的抗体，当样品里的自由抗原越多，就可以结合越多的抗体，而固定抗原就只能结合到较少的抗体，反之亦然。经清洗步骤，洗去自由抗原和抗体的复合物，只留下固定抗原和抗体的复合物，拿来与只有固定抗原的对照组结果相比较，根据呈色差异就可计算出样品里的抗原含量。

优势：可适用比较不纯的样本，而且数据再现性很高。

缺点：整体的敏感性和专一性都较差。

在上述 4 种方法中，一般用竞争法来测定二噁英类物质。早在 1978 年，Albro 等[9]用竞争法，采取双抗体放射免疫分析检测了环境样品和生物样本中的 TCDDs，检测限为 25 pg。检测原理为放射性碘（^{125}I）标记的二抗与二噁英竞争性地与一抗结合，然后检测沉淀物中放射性的减少而定量。检测使用的是多克隆抗体，抗体是使用 1-氨基-3,7,8-三氯代二苯并二噁英与免疫原性蛋白（牛血清白蛋白和甲状腺球蛋白）结合后，免疫新西兰大白兔得到的。另外用于溶解待测物质的溶剂也是反应的关键之一，这是由于二噁英为疏水性，而抗原、抗体反应为水溶性反应，因此溶剂的选择是十分重要的。反应中用于溶解疏水性二噁英的溶剂是非离子去垢剂 Cutscum 和 Triton。发展起来的 ^{125}I 标记单克隆抗体检测 2,3,7,8-TCDD，采用固相免疫反应，使用的抗体与牛血清白蛋白-TCDD 结合的能力是与牛血清白蛋白-苯胺结合能力的 200 倍，大大缩短了检测时间[10]。抗体的特异性决定了检测的准确性，Stanker 等[11]检测了 5 种对多氯代二苯并二噁英/呋喃单克隆抗体的特异性，并用得到的抗体检测了飞灰中 2,3,7,8-TCDD，在一定范围内（10～1 000 pg）与仪器法结果具有良好的一致性，检测限达 0.5 ng。

后来又发展出了根据鼠单克隆抗体 DD3 与二噁英结合的特点而建立的竞争抑制酶免疫分析方法。使用酶竞争配合物（HRP）与二噁英共同竞争有限的抗体特异性结合位点，以一系列不同浓度的 2,3,7,8-TCDD 为标准物质，作出标准样品的剂量-效应曲线，样品中二噁英毒性强度以计算出的 TCDD 毒性等价浓度间接表示。最终通过测定 DD3 与 HRP 螯合物的荧光强度来获取二噁英的 TEQ，螯合物的荧光强度与二噁英的 TEQ 成反比[12]。早期基于单克隆抗体和复合克隆抗体的竞争法技术因缺乏足够的选择性和灵敏度，其应用受到一定限制。后来发展了试管和微板技术使其灵敏度大为改观。该法简便、易操作，测得的 TEQ 值与化学法所得结果较为接近。国外已有免疫试剂盒商品出售[13]，每个样品的测试费用为 60～80 美元。

总体来说，ELISA 方法特异性和灵敏度高，检测范围在"pg"至"ng"水平，重现性好。然而它对试剂的选择性高，很难分析多种成分，不能体现样品中总体的二噁英类含量。目前关于 ELISA 方法的改进和完善主要集中在以下几个方面：抗体和抗原的纯化及抗体载体和反应环境的改进等。

二、时间分辨荧光免疫分析法

时间分辨荧光免疫分析法（DELFIA）是目前最新的免疫学方法[6]。该方法利用生物基因技术选择出合适的抗原键合铕离子与样品中二噁英竞争单克隆抗体，待免疫完全反应后加入荧光增强液，使铕离子从抗原中解离下来，进入增强液，形成胶束，高效地发出荧光。螯合物最终用时间分辨荧光法分析，其荧光强度与二噁英的 TEQ 成反比，以此获得待测样本中二噁英的 TEQ 值。一般免疫法不需要细胞内诱导活化过程，大大提高了检测效率，测得的 TEQ 值比较一致，但灵敏度较低。DELFIA 法采用时间分辨荧光技术，可以消除非特异性荧光干扰，灵敏度大大提高。由于灵敏度提高，检测所需试样量少，因此降低了检测成本。

第四节　体外生物法

体外生物法主要是根据二噁英类配体对细胞基因诱导表达的毒性机理（图 6.1）展开的，测定二噁英类的过程发生在真核细胞中。用于生物检测的细胞株，必须满足一定的条件：首先细胞中的 AhR 的含量需较高，只有这样二噁英类化学物质才能与细胞作用，达到较高的灵敏度；另外该细胞株对待诱导酶的本底表达必须低。目前主要运用两类细胞——重组酵母细胞和动物细胞，通过内源和/或转染的报告基因进行二噁英类的检测，而且各种细胞对二噁英类芳香烃受体配体的敏感度不同，即对二噁英类的检测限不尽一致。表 6.1 为 Denison 等[14]总结的以 AhR 为基础的体外生物法检测二噁英类物质的相关参数。

表 6.1 以 AhR 为基础的体外生物检测法相关参数[14]

生物检测系统	物种	细胞株	MDL/（pmol/L）	MDL/（pg/assay）	EC$_{50}$/（pmol/L）	EC$_{50}$/（pg/assay）
内源性基因						
EROD	大鼠	H4IIE	0.19～0.68	1.9～2.4	0.82	20～80
	人类	HepG2	16	50	NR	100
	鱼	PLHC	0.48	3	NR	12
	鱼	RTL	<1	<6	NR	6
	鱼	RTH149	NR	40	NR	NR
	鸡	Hepatocytes	0.16	1	2.6	16
MicroEROD	大鼠	H4IIE	0.16～3.2	1～10	NR	87
报告基因						
荧光素酶	小鼠	H1L1.1c2	0.1～1	0.033	20	0.66
	小鼠	H1L6.1c3	0.1～1	0.033	30	0.98
	天竺鼠	G16L1.1c8	1～5	NC	～50	NC
	大鼠	H4IIE	0.3～1	0.032～0.19	5～15	0.45～1.6
	大鼠	H4L1.1c4	0.5～1	NC	25	NC
	人类	HepG2-101L	100	6.4	1 000	130
	人类	HG2L1.1c3	0.1～1	NC	100～500	NC
	人类	HepG26.1	1～10	NC	100	NC
	鱼	RLT1.0/2.0	1～4	0.04～0.32	64	2.6
增强型绿色荧光蛋白（EGFP）	小鼠	H1g1.1c3	0.5～1	0.032	10	0.58
	大鼠	H4IIE	1	0.07	10.7	0.72
	大鼠	H4g1.1c2	1	0.032	24.3	0.46
PAP	小鼠	Hepa1-T13	100	NR	350	NR
Lac Z	酵母	YCM3/OPU	300～1 000	NR	3 000～10 000	NR
	小鼠	H1gal1.1c1	100	NC	400	NC

注：NR 为未报道；NC 为未计算。

一、酵母细胞生物检测法

重组的酵母菌株可以稳定地表达人类及大鼠的 AhR-ARNT 复合体以及二噁英和 AhR 响应 β-半乳糖苷酶报告基因，已经有几项酵母细胞生物检测法成功利用重组酵母菌株检测环境中的二噁英类[15]。与基于动物细胞的生物检测法相比，酵母细胞具有较大的优势，包括成本低、使用方便以及快捷。然而二噁英类物质在酵母细胞中产生的 AhR 相关基因表达诱导强度比在动物细胞中弱，使得其不能作为一项筛选二噁英的有效的生物检测法。评价重组细胞检测二噁英类的性能时，半致死剂量（EC_{50}）和最低检测限（MDL）是两个重要参数。EC_{50} 越小，说明其诱导 AhR 相关基因表达的能力越强，MDL 就越低。酵母细胞生物检测法中，对 2,3,7,8-四氯代二苯并二噁英（TCDD）的 EC_{50} 和 MDL 分别约为 3～10 nmol/L 和 0.3～1 nmol/L；而大部分动物细胞，尤其是哺乳动物细胞的生物检测法能达到 1～100 pmol/L 和 0.1～1 pmol/L。尽管酵母细胞对水溶性较高的 AhR 配体灵敏度较高，但由于其细胞壁对大分子化合物的渗透性较弱，且其蛋白质和脂肪含量较动物细胞少，这可能就是酵母细胞培养基对 TCDD 溶解性较弱、敏感度不高的原因，使得酵母细胞生物检测法对 TCDD 的检测限不如动物细胞生物检测法。

二、细胞活力诱导法

由于二噁英类对生物体内的 AhR 具有高度亲和能力以及能专一性地诱导细胞色素 P450，特别是那些具有 2,3,7,8 取代位的二噁英，其毒性效应与细胞色素 P450 的诱导之间有良好的一致性（图 6.1）。这种诱导通常使用生物学标志物芳烃羟化酶（Aryl Hydrocarbon Hydroxylase，AHH）和 7-乙氧基-异吩噁唑酮-脱乙基酶（Ethoxyresorufin-O-deethylase，EROD）的活性来测定，这两个酶都是 CYP1A1 的表达产物。AHH 的检测原理是该酶可催化苯并芘生成 3-羟基苯并芘，而 3-羟基苯并芘为荧光物质，可通过荧光检测 3-羟基苯并芘反映 AHH 的量。EROD 的检测原理是，7-乙氧基-异吩噁唑酮和 NADPH 酶在氧气和 EROD 酶的参与下生成 7-羟基-异吩噁唑酮（RF），RF 为荧光物质。

目前应用更广泛的是 EROD 活力诱导法，所用的细胞系为对二噁英类应激反应更强的动物细胞系，一般为大鼠肝癌细胞 Hepa 4、小鼠肝癌细胞 Hepa 1、人肝癌细胞 Hep G2 和 Hep 3、鸡胚胎细胞、培养的鸡胚肝和鱼的细胞系[14]。诱导 EROD 酶的活力与加入到培养介质上的二噁英类在一定范围内成正比。美国食品和药物管理局（FDA）最早使用该方法[16]，他们在用化学检测法分析之前，用大鼠肝癌细胞 H4IIE 中 EROD 酶活性对食品中的二噁英类进行了筛选。之后，有许多学者对该方法进行了优化[17]。如 Sanderson 等[18]对该方法进行了一定改进，提高了检测速度，也降低了检测限达 20 pmol/L。时至今日，EROD 细胞诱导法仍广泛应用于对未知样品中二噁英类的筛选。检测程序为将样本的抽提物与细胞共同培养数天、收集细胞、裂解细胞、离心收集上清液用于检测酶活性，应用最多的细胞株为大鼠肝癌细胞 H4IIE。简单说来，在无菌条件下，将 H4IIE 细胞暴露于目标物或目标物提取液中，培养 24～72 h 后，去除培养介质，用磷酸盐缓冲液（PBS，pH=7.4）淋洗三次，收集细胞于 PBS 中[19]。再将细胞收集液加到 Dicumarol 缓冲液、NADPH 底物和 PBS 培养混合物中，在 37℃ 下培养 2 min，然后在 10 min 之内快速加入一定量的 7-乙氧基-异吩噁唑酮和甲醇，反应 30 min 后再加入一定量的甲醇终止反应，即停止 EROD 酶活性。将反应完毕的试样离心去除絮状蛋白后，取上清液，在 550 nm 激发波长和 585 nm 发射波长处测量荧光强度。其原理可用下列酶反应式表示：

7-乙氧基-异吩噁唑酮（ERF）　　　　　7-羟基-异吩噁唑酮（RF）

该法既可检测活细胞，也可检测裂解细胞中的 EROD 酶的活性，根据得到的二噁英类标准溶液各个剂量-反应标准曲线确定样品中二噁英类的含量，所得结果为毒性当量[14]。万小琼等[20]用草鱼肝原代细胞进行 EROD 实验，并与离体 H4IIE 细胞 EROD 法和化学法进行了比较，测定电解废渣、飘尘、底泥的 TEQ 值。原代培养测得的 TEQ 值要显著高于离体培养测得的 TEQ 值，这是因为原代细胞仍然保持着原有组织的基本特征及代谢系统，包含了母体化合物的生物转化过程，因此尽管离体培养方法的测定结果比原代培养方法的测定结果更接近化学分析结果，但原代培养测得的结果比离体培养测得的结果更能真实地反映环境中污染物的生物毒性和毒理动力学过程。

在用 EROD 法测试过程中，由于样品提取液中还有其他酶诱导化合物的存在，如卤代芳烃化合物和天然植物成分，这种方法所测得的 TEQ 一般往往比化学法测得的值偏高。徐盈等[21]采用大白鼠肝癌细胞株 H4IIE 利用 EROD 技术检测了湖北鸭儿湖地区沉积物和土壤中的二噁英类，并与 HRGC/HRMS 获得的结果进行了比较，尽管相关性良好，但 EROD 法比 HRGC/HRMS 法高 1.7 倍（表 6.2）；另外还有学者发现飞灰中两者比值达 1.8[22]。万小琼等[20]的研究中也发现用草鱼肝原代细胞得到的 TEQ 值比化学法高 5.0 倍，离体 H4IIE 细胞所得值为 0.91 倍。

表 6.2　EROD 法与 HRGC/HRMS 法测定鸭儿湖环境样品的结果比较[21]

样品名称	TEQ/（ng/kg）			
	EROD 法	HRGC/HRMS 法		
		PCDDs/PCDFs	PCBs	合计
沉积物 1#	1 090	800	196	996
沉积物 2#	2.1	0.3	0.8	1.1
沉积物 3#	5.4	1.6	1.5	3.1
沉积物 4#	14	6.9	2.0	8.9
土壤	1.8	0.1	0.9	1.0
泥巴	2.3	0.2	0.8	1.0

三、报告基因法

报告基因法是近年来发展最为良好的二噁英类检测分析方法，种类较多。但是思路基本一致，将报告基因序列与二噁英反应元件相融合形成嵌合基因，应用二噁英类等 AhR 配体诱导报告基因的表达，然后通过检测报告基因的表达水平而反映二噁英类的暴露水平。报告基因有碱性磷酸化酶、半乳糖苷酶、氯霉素乙酰转移酶、虫荧光素酶和增强型绿色荧光蛋白，而检测载体则多采用各种细胞，以瞬时转染和稳定转染的方法来获取重组细胞系。主要步骤包括质粒构建、质粒转化和提取、细胞培养以及质粒的转染。

当前研究最广泛的是 CALUX（Chemically Activated Luciferase Expression），其表达量不会受高浓度的诱导物的抑制，这是因为荧光素酶基因作为外原基因的表达较少受原细胞系统本底的影响。Aarts 等[23]首次构建了一个在二噁英反应增强子调控下的荧光素酶报告质粒，并将它转染入对二噁英敏感的细胞后，用含报告质粒的细胞进行检测，通过检测诱导表达的荧光素酶含量，得到二噁英类的值，该法即为 CALUX。同年，Postlind

等[24]也使用了人类肝癌细胞 HepG2，采用 CALUX 法得 EC_{50} 值为 0.35 nmol/L，检测限为 1 nmol/L。Garrison[25]使用小鼠 H1L1.1 c2，EC_{50} 为 0.03 nmol/L，检测限量 0.1 nmol/L。Murk[26, 27]使用 H4IIE-Luc 稳定转染细胞检测了底泥、水体和血浆样品，二噁英各同系物的相对毒性潜力（rep）与 TEF 有很好的一致性，检测的半效应剂量为 0.032 pg。Bovee 等[28]从 CYP1A1 基因 5′段分离出 DRE，制备出荧光素酶质粒，转染到 HIIE4 细胞上，对 TCDD 的检测下限为 50 fg，得到二噁英的值与 HRGC/HRMS 法结果一致性较好。我国张志仁等[29, 30]以 HIIE4 细胞为载体，分别做短暂转染和稳定转染，采用 CALUX 对 TCDD 检测，得检测下限为 1.1 pmol/L，线性范围 1～100 pmol/L。CALUX 首次出现在 1998 年巴西柑橘果泥二噁英污染事件的监督性检测中，之后成功应用于 1999 年比利时动物饲料二噁英污染事件[31]。周志广等[32]利用 CALUX 法对废气中的二噁英进行了测定，并与 HRGC/HRMS 法进行比较，发现两者之间数据相关性显著，数据间的换算系数为 0.379。

CAFLUX（Chemically Activated Fluorescent Protein Expression）是另外一种研究较广的报告基因法，该法是在 CALUX 的基础上将增强型绿色荧光蛋白（Enhanced Green Fluorescent Protein，EGFP）替代荧光素酶应用于二噁英的检测。相对 CALUX 来说，该方法灵敏度更高。这主要是因为荧光素酶的活性比增强型绿色荧光蛋白更易受到抑制，表达时会存在不稳定情况。但 CAFLUX 的缺点是增强型绿色荧光蛋白过于稳定，会使细胞的背景荧光值增高。同时由于 CALUX 和 CAFLUX 在检测低浓度二噁英类时误差较大，也不能用于痕量二噁英类的检测，限制了其应用。目前科学家们正努力提高其检测下限，以进一步扩大其应用范围。已经有学者[33, 34]发现低温（33℃）培养 CALUX 和 CAFLUX 的 H1L6.1 c2 细胞株可以大幅提高其对二噁英类的检测灵敏度；同时还发现加入蛋白激酶 C 的激活剂 PMA 也可以提高灵敏度。汪畅等[35]构建了以 pXRE5-EGFP 为载体并转染的人胃癌细胞株 SGC-7901，具有二噁英类诱导表达绿色荧光蛋白的功能。然而其诱导表达绿色荧光蛋白时间较长，对药物反应不够灵敏，背景值也较高，因此细胞株的筛选和质粒构建过程中启动子调控区域设计还需改进。上述 4 种基于细胞培养的体外生物法由于其优缺点各不相同（表 6.3），研究者对其的应用程度也不尽相同，对它们的研究还在进一步挖掘中。

近几年来，我国部分科研机构通过合作已经开始使用从国外引进的二噁英类生物检测方法，包括 EROD、ELISA 和基于报告基因的二噁英类生物检测等。在这些二噁英类的生物检测方法中，EROD 是最早发展起来的，但是其灵敏度低、抗干扰性差等缺点限制了其应用的范围。虽然在一定程度上，ELISA 法比基于报告基因的二噁英类生物检测法有更高的特异性，但是该方法并不能如基于报告基因的二噁英类生物检测法一样给出样品的总毒性当量且使用成本昂贵、前处理复杂，这些大大限制了其应用。相比较而言，基于报告基因的二噁英类生物检测有成本低、操作相对简单，且线性区域广、线性关系良好等诸多的优点；同时也是一个不断改进开放的体系。报告基因法通过对特定基因的重组、细胞信号通路的调节以及生物分析系统参数的优化，显著提高了现有的生物分析方法的灵敏度和检出下限，成为国际上最为通用的二噁英类生物检测方法。因此，从我国的国情分析，开发使用具有自主知识产权、成本低廉且灵敏度又高的基于报告基因的二噁英类生物检测法，是目前建立二噁英类毒性的快速生物筛选技术标准的最佳选择。表 6.4 简要概括了生物学方法与化学法检测二噁英类物质的各项参数。

表6.3　酵母细胞生物检测法、细胞活力诱导法及报告基因法优缺点比较

方法	优点	缺点
酵母细胞生物检测法	快速、简便，酵母细胞中人体AhR及ARNT的共表达较好地反映了AhR复合体的实际生物学性质，使内分泌受体及AhR信号通路成为可能	缺乏本底内源激素/受体，二噁英类物质透过细胞壁具有差异
AHH/EROD法	目前报道最多、最成熟的方法，具有"生物检测的黄金标准"之称；无专利；可以对总体生物毒性当量进行分析，即使持久性AhR激活化合物的检测成为可能；CYP1A1催化活性分析比免疫法或者荧光素酶诱导法更能真实地反映二噁英类物质对人类/野生动物的毒理效应；与体内试验有良好的线性关系；由于其培养时间较强，使其代谢能力较强；可区别稳定/非稳定激动剂受体可能性的24 h/72 h动力学特性；区分AhR激动剂/拮抗剂的可能性；检测变异系数为29%~38%	许多具有二噁英类毒性的化合物（如PCBs）是P4501A1的底物，可抑制EROD的活性，降低诱导性能；与体外荧光素酶报告基因法相比，线性范围较窄；耗时较长，对化合物的特异性强；对氧化应激比较敏感；体内季节性诱导波动；低酶量及mRNA稳定性
CALUX	克服了EROD检测法的局限性，快速、无抑制性、较宽的线性范围；可以对总体生物毒性当量进行分析；所得数据与体外-体内EROD-相对效能结果类似；检测变异系数为29%；可区分激动剂/拮抗剂及稳定/非稳定AhR激动剂，组织和化合物特异性，高通量筛选性能；报告基因可选性；可应对类似细胞膜通透性、蛋白结合力等的生物效应	必须具有光度计及稳定的转染细胞，荧光素酶需具有一定的稳定性；由于转染成一个重组细胞，就有可能缺失一些组织因子；损失了外部信号通路；可被能与AhR结合的化合物诱导，导致较高的TEQ值，产生假阳性
CAFLUX	增强型绿色荧光蛋白检测法比CALUX具有更长的动力学变化；由于没必要采用昂贵的底物或光度计，比CALUX更简单、廉价；非破坏性方法更能实时反映表达	虽然对低浓度的Ah非持久性激动剂非常敏感，但是较难分析二噁英类持久性化合物，需累积信号

表6.4　各种二噁英检测方法的优、缺点对比

方法	前处理	检测周期/d	检测成本/（美元/单位样品）	灵敏度/（pg/g）	实验室投入/1 000美元
ELISA法	比较简化	2	200~900	0.500	200
DELFIA法	十分简化	<24 h	10~15	0.100	3~5
EROD法	比较简化	3	1 000~1 200	1.000	200
CALUX法	比较简化	3	200~900	0.025	200
HRGC/HRMS法	复杂	7	900~1 800	0.010	800

　　综上所述，生物学方法与色谱学方法比较，虽然不能检测二噁英类化学物质的各个成分，但它简便、快速、费用低。基于AhR作用机制的生物方法检测综合了混合物中所有的反应和可能的各种异构体相互作用，能更准确地反映二噁英类化学物质对机体的影响，即可对被测样品中总的二噁英类毒性当量以及生物活性进行测量。这是由于二噁英类化学物质对芳香烃受体的联合作用，不都是相加作用，还有协同和拮抗作用。每种生物检测法最后的测定结果必须与化学检测法得到的结果进行相关分析，得出两者的换算系数，以便利用生物检测结果推算出化学检测的测量值。因此生物检测方法适合于大量样本的快速筛选和半定量测定。在常规的环境监测和特定条件下的监督性监测中，可以通过生物检测法

筛选出阳性样品后，有选择性地采用 HRGC/HRMS 检测，这样不仅大大节省了成本，而且可获得更具有环境意义的二噁英类数据，为正确评价二噁英类对人类健康的影响提供了技术支持。

第五节 名词解释

1. NADPH：一种辅酶，叫还原型辅酶Ⅱ，学名为还原型烟酰胺腺嘌呤二核苷酸磷酸，曾经被称为三磷酸吡啶核苷酸，英文 Triphosphopyridine Nucleotide，使用缩写 TPN，也写作[H]，亦叫作还原氢。在很多生物体内的化学反应中起递氢体的作用，具有重要的意义。它是烟酰胺腺嘌呤二核苷酸（NAD+）中与腺嘌呤相连的核糖环系 2′-位的磷酸化衍生物，参与多种合成代谢反应，如酯类、脂肪酸和核苷酸的合成。这些反应中需要 NADPH 作为还原剂、氢负供体，NADPH 是 NADP+的还原形式。

2. 细胞色素 P450：CytochromeP450 或 CYP450，简称 CYP450。一类以还原态与 CO 结合后在波长 450 nm 处有吸收峰的铁血红素-硫醇盐单链蛋白的超家族，它参与内源性物质和包括药物、环境化合物在内的外源性物质的代谢。分布在细胞的内质网和线粒体内膜上，作为一种末端加氧酶，参与了生物体内的甾醇类激素合成等过程。

3. 原代细胞：是从活体动物获取，在体外进行的首次培养的组织细胞。其最大优点是细胞刚刚离体，生物性状尚未发生很大变化，具有二倍体的遗传性，最接近和反映体内生长特性，且大多数细胞仍保持原有组织的特性，很适合作为毒物测试、细胞分化及毒理学方面的试验研究。

4. PMA：也称 TPA，全称为 Phorbol-12-myristate-13-acetate（PMA），或 12-O-Tetradecanoyl phorbol 13-acetate（TPA），是一种最常用的佛波酯（Phorbol Ester）。分子量为 616.84，分子式为 $C_{36}H_{56}O_8$，CAS 号：16561-29-8。PMA 可以结合 PKC，并激活 PKC，随后导致一系列的细胞响应。PMA 可以抑制 Fas 诱导的细胞凋亡，但又可以诱导 HL-60 细胞的凋亡；同时可以增强 forskolin 诱导的 cAMP 形成，在肝细胞中可以诱导 iNOS 的表达。它还是一种促瘤剂，可以促进小鼠皮肤的成瘤。

5. PCR：聚合酶链式反应（Polymerase Chain Reaction），一种分子生物学技术，用于放大特定的 DNA 片段，可看作生物体外的特殊 DNA 复制。

6. 时间分辨荧光分析法：Dissociation-enhanced lanthanide fluoroimmunoassay。以镧系元素作为标记物所建立的免疫测定技术。因镧系元素（如 Eu^{3+}）所发射的荧光寿命长，在测定特异性荧光时，可通过延迟检测时间而将标本或环境中的非特异荧光扣除，使其具有良好信噪比。

7. 第一抗体：简称一抗，即通常所说的抗体，是能和非抗体性抗原特异性结合的蛋白，种类包括单克隆抗体和多克隆抗体。

8. 第二抗体：简称二抗，能和抗体结合的，即抗体的抗体，带有可以被检测出的标记（如带荧光、放射性、化学发光或显色基团），主要用于检测抗体的存在。

第七章　多氯萘的研究进展

多氯萘（Polychlorinated Naphthalenes，简称 PCNs）是一类基于萘环上的氢原子被氯原子所取代的化合物的总称，应用与多氯联苯（Polychlorinated Biphenyls，简称 PCBs）相似。在 20 世纪 80 年代以前，PCNs 曾被工业生产并广泛应用于电力行业，如电容器或变压器中的绝缘油、电缆绝缘体、阻燃剂等。除历史上工业生产 PCNs 外，在垃圾焚烧、金属冶炼、化工生产等过程中还会无意产生 PCNs，这是目前全球 PCNs 的重要污染来源。近年来的研究表明，PCNs 是全球环境中普遍存在的一类持久性有机污染物（POPs）[36]，具有类似二噁英类的毒性、难以降解性以及生物富集性，并能通过大气进行远距离传播，因此多氯萘已被联合国欧洲经济委员会（United Nations Economic Commission for Europe，UNECE）、世界自然基金会（WWF）推荐列入《关于持久性有机污染物的斯德哥尔摩公约》优先控制持久性有机污染物的候补名单中[37]，对其环境问题的研究已引起了环境科学界的广泛关注。我国对于 PCNs 的研究刚刚起步，PCNs 的基础数据十分匮乏，了解国际上有关 PCNs 的研究动态对我国相关机构会有借鉴，同时对我国制定 PCNs 污染控制对策也有重要作用。

第一节　多氯萘的特性

一、物理化学性质

PCNs 的化学通式为 $C_{10}H_{(0\sim8)}Cl_{(0\sim8)}$，化合物的结构式如图 7.1 所示。根据氯原子取代的数目和位置不同，从一氯代到八氯代 PCNs 共有 75 个同类物。

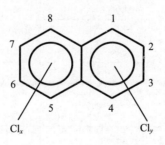

图 7.1　PCNs 结构式

PCNs 是共平面结构，物理化学性质上与 PCBs 十分相似，具有良好的化学惰性、抗热性、低蒸气压和绝缘性、水溶性较低。在环境中很难降解，具有很高的持久性及亲脂性，可以通过食物链被生物高度富集。物理化学性质以及温度的变化是决定污染物在环境中迁移转化的重要因素，如蒸气压是预测化学物质在大气中的行为的重要物理化学参数，有机物的正辛醇-水分配系数（$\log K_{ow}$）是描述其在水中和有机相分配的重要参数，正辛醇-大气分配系数（$\log K_{oa}$）是描述半挥发性有机物在大气和有机相中分配的一个重要参数。表7.1是PCNs各同类物的物化性质。

表 7.1　PCN 同类物的物理性质[38-41]

PCNs	氯取代位置	熔点/℃	沸点/℃	溶解度/（μg/L）	$\log K_{ow}$	$\log P_L$（25℃）	$\log K_{oa}$（25℃）
MoCNs							
CN-1	1	−2.3	260	2870	3.95	0.747	—
CN-2	2	59.5～60	259	924	4.04	0.402	—
DiCNs							
CN-3	1,2	37	295～298	137	4.47	−0.521	6.75
CN-4	1,3	61.5～62	291	—	—	−0.460	6.68
CN-5	1,4	71.5	287	312	4.78	−0.453	6.67
CN-6	1,5	107	—	396	4.67	−0.453	6.67
CN-7	1,6	48.5～49	—	—	—	−0.453	6.67
CN-8	1,7	63.5	—	—	—	−0.453	6.67
CN-9	1,8	89～89.5	—	450	4.30	−0.703	6.99
CN-10	2,3	120	—	474	4.61	−0.478	6.70
CN-11	2,6	137～138	285	—	—	−0.463	6.68
CN-12	2,7	115～116	—	240	4.81	−0.463	6.68
TrCNs							
CN-13	1,2,3	84	—	—	—	−1.102	7.49
CN-14	1,2,4	92	—	—	—	−1.054	7.43
CN-15	1,2,5	79	—	—	—	−1.054	7.43
CN-16	1,2,6	92.5	—	—	—	−1.045	7.42
CN-17	1,2,7	88	—	—	—	−1.045	7.42
CN-18	1,2,8	83	—	—	—	−1.169	7.58
CN-19	1,3,5	103	—	—	—	−0.955	7.31
CN-20	1,3,6	81	—	—	—	−0.943	7.29
CN-21	1,3,7	113	274	65	5.47	−0.943	7.29
CN-22	1,3,8	85	—	—	—	−1.069	7.45
CN-23	1,4,5	133	—	—	—	−1.077	7.46
CN-24	1,4,6	68	—	—	—	−0.955	7.31
CN-25	1,6,7	109	—	—	—	−1.002	7.37
CN-26	2,3,6	91	—	17	5.12	−1.093	7.48

PCNs	氯取代位置	熔点/℃	沸点/℃	溶解度/(μg/L)	$\log K_{ow}$	$\log P_L$ (25℃)	$\log K_{oa}$ (25℃)
TeCNs							
CN-27	1,2,3,4	198	—	4.2	5.87	−1.790	8.37
CN-28	1,2,3,5	141	—	3.7	5.77	−1.688	8.24
CN-29	1,2,3,6	—	—	—	—	−1.688	8.24
CN-30	1,2,3,7	115	—	—	—	−1.688	8.24
CN-31	1,2,3,8	—	—	—	—	−1.967	8.60
CN-32	1,2,4,5	—	—	—	—	−1.796	8.38
CN-33	1,2,4,6	111	—	—	—	−1.504	8.01
CN-34	1,2,4,7	144	—	—	—	−1.504	8.01
CN-35	1,2,4,8	—	—	—	—	−1.796	8.38
CN-36	1,2,5,6	164	—	—	—	−1.622	8.16
CN-37	1,2,5,7	114	—	—	—	−1.504	8.01
CN-38	1,2,5,8	—	—	—	—	−1.796	8.38
CN-39	1,2,6,7	—	—	—	—	−1.688	8.24
CN-40	1,2,6,8	125~127	—	—	—	−1.807	8.39
CN-41	1,2,7,8	—	—	—	—	−1.917	8.53
CN-42	1,3,5,7	—	—	4.1	6.29	−1.382	7.85
CN-43	1,3,5,8	131	—	8.2	5.86	−1.682	8.23
CN-44	1,3,6,7	120	—	—	—	−1.572	8.09
CN-45	1,3,6,8	—	—	—	—	−1.695	8.25
CN-46	1,4,5,8	183	—	—	—	−1.959	8.59
CN-47	1,4,6,7	139	—	8.1	5.81	−1.558	8.08
CN-48	2,3,6,7	—	—	—	—	−1.752	8.32
PeCNs							
CN-49	1,2,3,4,5	168.5	—	—	—	−2.520	9.30
CN-50	1,2,3,4,6	147	—	—	7.00	−2.260	8.97
CN-51	1,2,3,5,6	—	—	—	—	−2.260	8.97
CN-52	1,2,3,5,7	171	313	—	—	−2.098	8.76
CN-53	1,2,3,5,8	175	—	—	6.80	−2.369	9.11
CN-54	1,2,3,6,7	—	—	—	—	−2.323	9.05
CN-55	1,2,3,6,8	—	—	—	—	−2.411	9.16
CN-56	1,2,3,7,8	—	—	—	—	−2.561	9.35
CN-57	1,2,4,5,6	—	—	—	—	−2.350	9.09
CN-58	1,2,4,5,7	—	—	—	—	−2.192	8.88
CN-59	1,2,4,5,8	151	—	—	—	−2.456	9.22
CN-60	1,2,4,6,7	—	—	—	—	−2.098	8.76
CN-61	1,2,4,6,8	135	—	—	—	−2.192	8.88
CN-62	1,2,4,7,8	—	—	—	—	−2.350	9.09

PCNs	氯取代位置	熔点/℃	沸点/℃	溶解度/(μg/L)	log K_{ow}	log P_L（25℃）	log K_{oa}（25℃）
HxCNs							
CN-63	1,2,3,4,5,6	132	—	—	—	−3.052	9.98
CN-64	1,2,3,4,5,7	194	331	—	—	−2.873	9.75
CN-65	1,2,3,4,5,8	164	—	—	—	−3.107	10.05
CN-66	1,2,3,4,6,7	205～234	—	—	7.70	−2.804	9.67
CN-67	1,2,3,5,6,7	—	—	—	—	−2.804	9.67
CN-68	1,2,3,5,6,8	—	—	—	—	−2.873	9.75
CN-69	1,2,3,5,7,8	—	—	—	7.50	−2.873	9.75
CN-70	1,2,3,6,7,8	—	—	—	—	−3.134	10.09
CN-71	1,2,4,5,6,8	—	—	—	—	−2.936	9.83
CN-72	1,2,4,5,7,8	—	—	—	—	−2.936	9.83
HpCNs							
CN-73	1,2,3,4,5,6,7	—	—	—	8.20	−3.556	—
CN-74	1,2,3,4,5,6,8	194	348	—	—	−3.609	—
OCNs							
CN-75	1,2,3,4,5,6,7,8	198	365	0.08	7.77	−4.165	—

从表 7.1 中可以看到，PCNs 的 log K_{ow} 值在 3.9～10.37 范围内，因此易于在食物链中被生物富集放大。一般情况下，水体有机体中 PCNs 的含量往往比周围水体中的含量高出百倍甚至千倍。但由于代谢的原因，每个 PCN 同类物的生物富集性也各不相同。总体上，TeCN-42、PeCN-52/60 和 HxCN-66/67 的生物富集性因子最大，随着氯原子数的增加，生物富集性增大，但也受地区及饮食习惯的影响[36, 49]。

二、毒性和生物富集性

PCNs 的毒性类似于毒性最强的 2,3,7,8-四氯代联苯-*p*-二噁英（2,3,7,8-TCDD），能够产生 EROD（Ethoxyresorufin O-deethylase）和 AHH（Aryl Hydrocarbon Hydroxylase）等酶反应，具有胚胎毒性、肝毒性、免疫毒性、皮肤损害、致畸毒性和致癌毒性等。有关介绍 PCNs 同类物毒性的资料不多[42–45]。Villeneuve 等[46]通过在鱼体和老鼠肝肿瘤细胞的 PCNs 毒性测试发现，毒性主要由五氯、六氯和七氯代同类物引起，其中六氯萘同系物中 CN-63、CN-66/67 和 CN-69 是主要的毒性来源，每个同系物的毒性当量因子值为 0.002。在鸬鹚和海鸥蛋中，对于同类物 CN-54、CN-56、CN-68 和 CN-70，TEF 值分别为 0.000 17、0.000 049、0.001 5 和 0.009 5。Şişman 和 Geyikoğlu[47]选取 CN-50 和 CN-66 两种同类物对斑马鱼胚胎进行毒性试验，发现 20 ng/μL 的 PCN 同类物对胚胎没有影响，但当胚胎在 30～50 ng/μl 含量的 PCN 同类物中胚胎成活率有很明显的降低。

从总体上看，在 75 种同类物中，取代位为 2,3,6,7 位上的有 3 个或 4 个被氯取代，即 TeCN-48、PeCN-54、HxCN-66、HxCN-67、HxCN-68、HxCN-69、HxCN-70、HxCN-71

及 HpCN-73 等具有类似于二噁英类的毒性，其中，HpCN-73 是相对毒性最强的一种单体，它的毒性当量因子（TEF）为 0.003。实际上，在所有的 75 种同类物中只有 23 种已经被测试了类似于二噁英毒性[48]。表 7.2 列出了 PCNs 中具有类似于二噁英毒性的同类物的相对毒性数据。

表 7.2　具有二噁英类毒性的 PCNs 单体的相对毒性数据[48]

PCNs 单体	PCNs NO.	H4II-EROD	H4II-EROD	H4II-luc	H4II-luc
2-CN	2	<0.000 000 22			
1,4-DiCN	5	0.000 000 005 1*			0.000 000 2*
2,7-DiCN	12	<0.000 000 42			<0.000 000 69
1,2,7-TrCN	17	<0.000 000 84			
1,2,4,7-TeCN	34	<0.000 000 42			<0.000 000 69
1,2,6,8-TeCN	40				0.000 016*
1,3,5,7-TeCN	42	<0.000 004 2			<0.000 006 9
2,3,6,7-TeCN	48	<0.000 003 5			
1,2,3,5,7-PeCN	52	0.000 004 2			
1,2,3,6,7-PeCN	54	0.000 092		<0.000 69	0.000 17
1,2,3,7,8-PeCN	56	0.000 024		0.000 049	
1,2,4,5,6-PeCN	57	0.000 001 7		0.000 003 7	
1,2,4,6,7-PeCN	60	<0.000 000 42			<0.000 028
1,2,4,6,8-PeCN	61	<0.000 000 42			
1,2,3,4,5,6-HxCN	63		0.002		
1,2,3,4,5,7-HxCN	64		0.000 02		
1,2,3,4,6,7-HxCN	66	0.000 61		0.002 4	0.003 9
1,2,3,5,6,7-HxCN	67	0.000 28	0.002		0.001
1,2,3,5,6,8-HxCN	68		0.002		0.001 5
1,2,3,5,7,8-HxCN	69		0.002		
1,2,3,6,7,8-HxCN	70	0.002		0.009 5	0.000 59
1,2,4,5,（6,7）,8-HxCN	71/72		0.000 007*		
1,2,3,4,5,6,7-HpCN	73	0.000 4	0.003	0.000 6	0.001

注：* 为近似值。

第二节　PCNs 的污染来源

环境中 PCNs 的来源主要有历史上生产的含有 PCNs 产品未得到有效处理以及目前在焚烧、金属冶炼等热过程中产生并向环境释放。另外，一些化工产品中还可能含有 PCNs 的杂质。

一、早期的工业生产及应用

PCNs 最早合成于 19 世纪 30 年代，但直到 1910 年后才开始商品化，在 20 世纪 30 年代至 50 年代得到广泛的应用。工业生产 PCNs 主要是熔融的萘在金属卤化物的催化作用下加热到一定的温度氯化而产生的。美国宾夕法尼亚州的 Koppers 公司是最大的 PCNs（halowax 系列）生产厂家，于 1977 年自动停产。其他主要的商品名称及生产厂商有 Nibren waxes（Bayer，德国）、Seekay waxes（ICI，英国）和 Clonacire waxes（Proelec，法国）等，也在 20 世纪 80 年代基本停止生产。全球累计 PCNs 的生产量约为 15 万 t，是 PCBs 的 10% 左右[50]。由于 PCNs 的生产及应用主要集中在 20 世纪 20—80 年代，所以很难给出全球 PCNs 含量更为精确的数值。因其他工业 PCNs 产品的研究相对较少，仅在表 7.3 中列出 Halowax 系列产品 PCNs 的主要组成。

表 7.3　Halowax 系列产品中 PCNs 的主要组成[51]

产品名称	MoCNs	DiCNs	TrCNs	TeCNs	PeCNs	HxCNs	HpCNs	OCN
HW 1031	65.0	29.6	2.6	2.2	0.4	0.1		
HW 1000	14.9	76.5	6.4	1.3	0.4	0.3	0.1	
HW 1001	0.1	3.6	52.0	41.3	3.0	0.1		
HW 1099		1.4	38.3	49.9	9.7	0.6		
HW 1013		0.5	15.9	53.8	26.7	2.9	0.1	
HW 1014		0.4	3.7	17.8	51.9	23.1	2.9	0.1
HW 1051					0.1	0.6	17.5	81.8

同 PCBs 性质相似，PCNs 具有较高的热稳定性、化学惰性以及电绝缘性，因此广泛用于电力工业，如电容器或变压器中的绝缘油、电缆绝缘体、阻燃剂等，另外 PCNs 还被用作表层外包装、润滑剂、胶黏剂、增塑剂等其他工业用途。其中低氯萘主要应用于润滑剂，高氯萘则在电容器阻燃剂和电缆绝缘体方面得到使用[36, 38, 40]。

工业生产 PCBs 和 PCNs 的条件大致相似，因此，PCNs 作为工业生产 PCBs 的副产物，是环境样品中 PCNs 的一个重要来源。

Kannan 等[52]报道了在 Arochlors 系列 PCBs 产品中 PCNs 的总含量为 3.5~170 μg/g。Helm 等[53]研究了 Aroclors1254 和 Aroclors1260 中 PCNs 的总含量分别为 197 μg/g 和 155 μg/g。Yamashita 等[54]报道了 18 种工业 PCBs 产品中 PCNs 的浓度水平和分布，该文指出在 Aroclor 产品中 PCNs 的总含量最低，为 5.2~67.2 μg/g，俄罗斯的产品 Solvol 中 PCNs 含量最高，为 730.8 μg/g。在 Aroclor 和 Kanechlor 产品中，PCNs 的总含量随着含氯量的升高而增加，但在 Phenoclors 系列产品中并没有发现这一现象。通过对多种 PCBs 工业产品的分析，可以估算出环境中 PCNs 作为工业生产 PCBs 的副产物约有 169 t。Haglund 等[55]也测定了不同工业 PCBs 生产中 PCNs 的含量为 18~870 μg/g，其中 Clophen 中 PCNs 的含量高出 Aroclor1232 和 Aroclor1242 的 5~8 倍，并且估算了工业 PCBs 生产所排放的 PCNs 约为 120 t。

总之,文献中所报道的工业 PCBs 生产所排放的 PCNs 为 100～169 t,不到全球中 PCNs 总含量（约为 15 万 t）的 0.1%。

二、废弃物焚烧以及其他热处理过程

废弃物焚烧也是环境中 PCNs 的重要来源,其他一些热处理过程如氯碱工业、金属冶炼、发电厂和取暖用的燃煤等都可能产生 PCNs。另外,多环芳烃（PAHs）[56]、二氯苯酚[57]、聚氯乙烯[58]等在焚烧过程中也可以产生 PCNs。尽管全球环境中 PCNs 的含量呈下降趋势,但在焚烧等热处理过程中产生的某些 PCNs 单体却呈上升趋势[59]。焚烧过程中 PCNs 的生成机理还不太清楚。

Sinkkonen 等[60]在对再生铝企业生成有机卤代芳烃的研究中发现,废弃物中含有大量的 PCNs,但并没有对其进一步深入分析。Imagawa 和 Lee[61]对日本 12 种城市垃圾焚烧飞灰样品中所产生的 PCNs 和 PCDD/DFs 之间的关系进行了研究,并与美国环保局所提供的含铜煤沉积样品的含量做了比较。分析结果表明在飞灰样品中有两种不同 PCN 同类物的特征分布,而且实验结果也证明了在铜化物的催化作用下,PCNs 可以由碳环结构重新结合再生成。

Schneider 等[62]模拟了飞灰产生 PCNs 的条件,热反应实验条件为 300℃加热 2 h,分析了反应前和反应后 PCNs 的含量,并与工业 Halowax 产品中 PCNs 的同类物特征分布进行了比较。结果发现,在样品进行热处理前,飞灰中 PCNs 主要以二氯代至六氯代为主,因为 MoCNs 易于挥发而 HpCN 和 OCN 在焚烧炉中容易降解。反应后,PCNs 含量大大增加,还生成了大量的毒性较强的 PeCN-54 和 HxCN-67;主要形成的同系物为 DiCNs-PeCNs。此外,还发现 MoCNs-TrCNs 大量存在于气相中,TeCNs 至 HxCNs 主要存在于颗粒中,而 HpCNs 的含量很低,OCN 几乎不存在。Iino 等[56]研究了 PAHs 生成 PCDDs/PCDFs 和 PCNs 的初步机理。在 CuCl 的催化作用下将 PAHs 加热到 400℃,2 h 后就可以直接产生 PCNs。这个结论证实了以前所推测的可能产生 PCNs 的途径。

有文献报道了 PCDD/DFs、PCNs、氯酚、氯苯和 PAHs 等在城市废弃物焚烧时的产生机理及其之间的关系[63],通过实验结果进行聚类分析,发现 PCNs,特别是低氯萘中的 MoCNs 和 DiCNs 以及高氯萘中的 OCN 与 PAHs 之间具有一定的相关性,这也同 Iino 等[56]研究的多环芳烃生成 PCNs 相一致。另外除 PCNs 和 PAHs 之间的关系外,发现相邻氯取代的 PCNs 同系物之间也有很好的正相关性,如萘和 MoCNs、DiCNs 之间有很强的正相关性,并且随着氯原子取代数的增加而相关系数降低。即使 HpCNs、OCN 与大多数其他同系物具有良好的相关性,总体上来看,相邻同系物之间具有紧密的相关性。这些结果表明 PCNs 的生成机理与氯化/脱氯密切相关,这与文献报道中 PCDFs 的形成机理相似。从这些结果来看,PCNs 的生成机理与 PCDFs 的生成相关性要大于与 PCDDs 的相关性。

在煤、木材等燃料燃烧过程中也可能生成 PCNs。Lee 等[64]研究了几类持久性有机污染物在煤和木材燃烧时的排放因子（EFs）,实验模拟家庭燃煤和木材时的条件。对于 PCNs 和 PCDDs/PCDFs,其排放因子均为 100 ng/kg,PCBs 为 1 000 ng/kg。这说明在这些固体燃料焚烧时能生成一定量的 PCNs、PCDDs/PCDFs 和 PCBs。

近年来,Dong 等[65]发现在烹饪过程中也有 PCNs 的生成,而且低氯代萘到高氯代萘的含量呈逐渐递减的趋势，符合其生成规律。刘国瑞、巴特等研究进一步验证了炼焦行业以及再生金属行业也是 PCNs 产生的重要来源[66, 67]。

第三节　PCNs 的分析方法研究进展

同二噁英（PCDDs/PCDFs）、多氯联苯（PCBs）一样，PCNs 在环境样品中的含量往往是十分痕量的，一般都在"pg/g"或"pg/L"的水平甚至更低，因此对分析方法要求有较高的灵敏度和选择性；另一方面，PCNs 同大量的 PCBs 和其他共平面化合物流出曲线相似，难以完全分离。通常 PCNs 的分析方法包括溶剂萃取、净化分离以及 GC/MS 测定等，与分析 PCBs 以及其他有机氯化合物的方法是类似的，但又有所不同。

一、样品的采集与提取

PCNs 在环境中普遍存在，目前已经在大气、水、沉积物、土壤和生物样品中发现了PCNs。

对于大气样品，可以采用聚氨酯泡沫体（PUF）或 XAD-2 树脂（气相）和玻璃纤维膜（颗粒相）采集，然后用溶剂如正己烷、丙酮-正己烷、二氯甲烷或甲苯等进行索氏提取。近年来，研究者们[68]采用 PUF 被动采样器对全球的大气样品进行大尺度采样，用来检测全球范围内的 POPs 包括 PCNs。水相中的 PCNs 可以通过 SPE 萃取盘提取[69]，也有文献报道[70]用半透膜装置（SPMDs）被动采集废水中的 PCNs，并用微波辅助萃取提取净化。

同其他持久性有机污染物一样，索氏萃取是从固体基质如土壤、沉积物以及生物样品中提取 PCNs 的一种最常用的萃取方法。对于土壤、沉积物以及生物样品来说，一般经冷冻干燥或风干后与无水硫酸钠混匀后[71-73]，采用二氯甲烷/正己烷或甲苯进行索氏提取[73, 74]。

目前已有实验室应用新的萃取技术如加速溶剂萃取（ASE）[75-77]或微波萃取（MAE）[70, 78]。这些技术的优点是有机溶剂的消耗量低，这使得长期运作费用降低而且对环境的污染小，并且减少了提取时间且容易实现高度自动化。样品提取方法的改进是提高分析速度，缩短分析周期的关键。尽管目前超临界流体萃取（SFE）的应用还不是十分广泛，但已经有文献报道[79]采用此法萃取了土壤中的 PCNs。

城市废弃物焚烧的飞灰样品对于研究 PCDDs/PCDFs 的焚烧来源来说是一种很好的基质，对于 PCNs 来说也是同样的重要。同二噁英类物质一样，城市垃圾焚烧等各种焚烧源所产生的飞灰样品也是 PCNs 样品的重要来源之一，其萃取步骤也和 PCDDs/PCDFs 一样首先进行酸解然后用甲苯进行索氏提取[61]。

二、样品的净化与分离

同 PCDDs/PCDFs 和 PCBs 一样，柱色谱技术仍是目前 PCNs 分析最常用的样品净化分离方法。在 PCDDs/PCDFs 净化时，多层硅胶柱常用于去除沉积物和生物样品中的硫、脂肪等干扰物质，这同样适用于 PCNs[80-82]，另外，也可以直接加入铜粉除硫[83]。对于生物样品，除脂是前处理的关键，常用的除脂方法包括：凝胶渗透色谱柱（GPC），通过体积排阻按照分子的大小将脂肪去除；浓硫酸除脂[84]。在 PCNs 的净化过程中，可以通过活性炭柱等方法进一步与其他物质分离。Krauss 等[76]对市中心、居民区和工业区的土壤样品中的 PCNs、PCBs 和 PAHs 的含量水平进行了分析，经过加速溶剂萃取后的样品通过氧化铝-硅胶柱进行净化，对 PCBs 和 PCNs，还需再经过复合硅胶柱纯化后进气相色谱-质谱仪分析。Harner 等[85]报道了大气样品在经过索氏提取后通过复合硅胶柱分离净化，含有 PCNs 的组分继续过活性炭微柱将 PCNs 和 PCBs 的主要同类物分离，含有多邻位及部分单邻位的 PCBs 成分由 5 ml 30%的二氯甲烷/环己烷淋洗出，含有非邻位及剩下的单邻位 PCBs 和 PCNs 由 5 ml 甲苯淋洗出。Schuhamacher[86]等对城市/居民区以及未污染区土壤和甜菜中的 PCDDs/PCDFs、PCBs 和 PCNs 的含量水平进行了分析。样品在进行索氏提取之后，依次经过多层硅胶柱净化和氧化铝柱分离。另外，对于甜菜样品，还需再使用装填了 70 g BioBead-SX3 的凝胶渗透色谱柱来进一步净化。

三、仪器分析与定量

早期 PCNs 研究时受仪器条件的限制，大多采用气相色谱-电子捕获检测器（GC-ECD）、高效液相色谱（HPLC）测定，也有采用电化学、薄层色谱法测定某些异构体或者工业混合物[87-89]。近年来，随着分析仪器的快速发展，PCNs 的分析方法也得到了很好的改善。目前，PCNs 分析应用最广泛的是高分辨气相色谱-低分辨质谱（HRGC-LRMS）联用，随着后来 HRGC/HRMS 的使用，PCNs 的测定方法也逐渐成熟起来。在质谱应用中，电子轰击离子源（EI）[90-93]与电子捕获负化学离子源（ECNI）[85, 94]的质谱模式均有应用。在高分辨质谱中 PCNs 的分辨率一般为 8 000～10 000，尽管低分辨质谱也能给出同样的数据，实验室中 PCNs 的分析还是多用高分辨质谱进行分析检测[95, 96]。气相色谱-离子阱质谱也可以给出相同的灵敏度和足够的选择性，花费相对较低[97]。另外，在 2005 年，Horii 等[98]采用二维气相色谱/质谱（2DGC-C-IRMS）测定了 PCNs。

使用高效毛细管气相色谱柱将 PCN 同类物有效分离是准确定量的前提。在 20 世纪 90 年代，PCNs 的分析方法就已经建立，Järnberg 等[99]研究了不同极性和结构的毛细管色谱柱，发现 5%的苯基-二甲基聚硅氧烷色谱柱对 PCNs 的分离效果最佳，并公布了此柱的保留时间数据，但是还有一些性质十分相似的同类物无法完全分离，其中，六氯代的化合物就有三对未分离（分别为 CN-66/67、CN-64/68、CN-71/72），特别是生物富集能力强的 HxCNs-66/67，随后 Williams 等[100]采用高效液相色谱将这几种异构体分离。Helm[101]则采用 Restek 公司的 Rt-βDEXcst 色谱柱成功地将 PeCNs、HxCNs 和 HpCNs 中几种难分离的同类物完全分离，甚至将最难分离的 CN-66 和 CN-67 分离，但分离时间略显长，达 120 min 左右。为了更好地分析 PCNs 的环境行为及其对人类和环境的危害，在选择色谱柱时尽量选择柱长大于 50 m，内径小于 0.25 mm 的色谱柱以得到最好的分离效果。

环境样品中 PCNs 含量水平的定量主要有两种方法：①选择个别的同类物标样代表相应的氯代萘，并每一氯代萘采用相同的响应因子[90, 92, 102]。②选择一种合适的工业混合物作为参考生成每个同类物或峰的响应因子。第一种方法适于 GC-EI-MS 分析，但是第二种适于采用 ECNI 方法时不同的氯代同类物响应因子差别较大的情况。Halowax 1014[85, 101]以及其他的 Halowax 系列[103]已经用 GC-FID 法测定并随后用于 PCNs 的定量[85, 91, 104-106]。

四、PCNs 分析方法的研究进展

近年来人们在环境样品中 PCNs 的分析上取得了很大的进展。2002 年同位素标记的 PCNs 标准物质的利用，对 PCNs 的分析提供了更为合适的标准，可以采用同位素稀释法分析 PCN 同类物，并用内标法对其他 PCN 同类物进行校正。第一篇应用 ^{13}C-PCNs 同位素标记物的论文发表在 2004 年[104]。目前可用的 ^{13}C-PCNs 同位素标记物包括 TeCN-42、TeCN-27、PeCN-52、HxCN-67、HxCN-64、HpCN-73 和 OCN-75。

鉴于没有标准的 PCNs 的分析测定方法，为了消除不同实验室发表的采用不同的仪器和定量方法得到的实验数据差异，环境样品中 PCNs 的分析到目前已经进行了两次国际比对研究。在 2003 年组织了第一次国际比对试验[95]，对现有的 PCNs 分析方法进行了评估。共有 9 个实验室参加，主要对 Halowax 溶液的总 PCNs 含量和一些单个同类物进行定量，对 PCNs 总含量的实验结果基本上一致（除一个实验室外），其相对标准偏差（RSD）为 11%，对于单个同类物的值变化较大，RSD 值在 20%～40%之间。由于可供使用的 ^{12}C-PCNs 和 ^{13}C-PCNs 的标准品很少，所以同位素稀释法在 PCNs 的分析测定方面应用并不多。第二次国际比对实验[96]主要是分析 1944 排水沟沉积物标准参考物质（SRM）和 1649 城市灰尘的 SRM 中 PCNs 的实验结果，与第一次比对实验相比，仅有较少的 5 个实验室参加了这次实验，但这些实验室对 Halowax 溶液和 SRM 标准参考物质的实验结果具有很好的一致性，RSD 值在 10%左右或更低。因此，笔者认为这样的国际比对实验应该继续进行，并邀请更多的实验室参加进来，也可以对大气、生物等环境样品基质进行检测，特别是应响应 POPs 公约的要求对 PCNs 进行全球性的检测。

在色谱分离方面，多维气相色谱在分离这些 PCN 同类物特别是 TeCNs 方面也有深入研究，并取得了一定的成绩[107]。二维气相色谱在一些有机卤化物包括 PCNs、PCBs、PCDDs/PCDFs、有机氯农药和溴代阻燃剂等同时分析方面有一定的发展[108]。研究表明可以得到有效的分离，但对柱材料的选择十分重要，分离的效果随柱材料的不同而不同；同时还指出 GC×GC 与 μECD 检测是一种较好的方法，但 ECNI-TOF（飞行时间质谱）-MS 的专一性和灵敏度要更有利于 PCNs 的分析[109]。这类仪器的分析和应用相对来说还处于初始阶段。

第四节　环境中 PCNs 的污染水平

在环境中 PCNs 与非邻位 PCBs 的污染水平相当，甚至更高，因此，十分有必要对环境中的 PCNs 进行监测分析。目前已经在各种环境介质中都发现了 PCNs 的存在，本节对大气、土壤和沉积物、水体、生物乃至母乳中 PCNs 的分布状况进行了总结。

一、大气

许多研究者都对大气中 PCNs 的污染状况做过研究（见表 7.4），并且还在北极以及其他一些边远地区大气中发现了 PCNs。基本都发现在大气样品中 TrCNs 和 TeCNs 是主要组成部分，为 80%～95%。

表 7.4 部分国家和地区大气样品中 PCNs 的含量分布

采样地点	PCN 同系物	检测仪器	内标物	含量/（pg/m³）	文献
Stockholm，Sweden	TrCNs-OCN	HRGC/HRMS	^{13}C-PCBs	39～56	[110]
Augsburg，Germany	TrCNs-OCN	HRGC/HRMS	^{13}C-PCBs	24～60	[111]
Barcelona，Spain	MoCNs-OCN	HRGC/HRMS	^{13}C-PCBs	289～622	[112]
Netherlands and South Africa	TrCNs-TeCNs	HRGC/LRMS	—	0.3～86	[113]
Lancaster，England	TrCNs-HpCNs	GC/ECD	—	73～223	[114]
Sweden	TeCNs-HxCNs	HRGC/HRMS	^{13}C-PCBs	1～10	[115]
Arctic region	TrCNs-OCN	HRGC/HRMS	^{13}C-PCBs	0.03～1.29	[116]
whole world	TrCNs-OCN	HRGC/LRMS	—	ND～32	[68]
Arctic region	DiCNs-OCN	GC/FID	—	0.3～49	[117]
the Great Lakes	TeCNs-OCN	HRGC/LRMS	—	0.87～11.5	[118]
Europe	TrCNs-PeCNs	HRGC/LRMS	—	0.03～34	[119]
Venice Lagoon	TrCNs-OCN	HRGC/HRMS	^{13}C-PCBs	0.19～3.4	[120]
Chicago	DiCNs-HpCNs	GC/FID	—	24～469	[85]
Ontario	DiCNs-HpCNs	GC/FID	—	12～22	[85]
United Kingdom	TrCNs-OCN	HRGC/LRMS	—	22～160	[121]
Toronto，Canada	TrCNs-OCN	HRGC/LRMS	—	7～84	[122]
Mace Head，Ireland	TrCNs-OCN	HRGC/LRMS	—	1.7～55	[105]
England	TrCNs-OCN	HRGC/LRMS	—	31～310	[105]
the Great Lakes	TrCNs-OCN	HRGC/LRMS	—	12～52	[123]
Norwegian Arctic	TrCNs-OCN	HRGC/LRMS	^{13}C-PCBs	9～48	[124]

注："ND"为未检出。

    1998 年，Harner 等[117]首次报道了北极地区大气中 PCNs 的含量，平均含量范围在 0.84～40.4 pg/m³。随后研究人员[125]对北极地区 PCNs 的含量做了进一步报道。在北极大气中检测到 PCNs 充分说明了 PCNs 易于在大气中远距离传输。Harner 等[121]报道了英国大气样品中 PCNs 的含量水平。他们认为在英国和欧洲地区大气中 PCNs 的污染比 PCBs 的污染更为严重，这说明在英国有 PCNs 的重要污染来源。

    Helm 等[122]则报道了北美五大湖地区大气中 PCNs 的含量，在市区采样点中 PCNs 的平均总含量较高（51 pg/m³），在多伦多采样点相对较低（28 pg/m³）。Harner 等[85]发现在芝加哥一个采样点 PCNs 的平均值为 68 pg/m³，而在多伦多、安大略湖采样点中相对较低，分别为 12 pg/m³ 和 22 pg/m³，此含量水平比在英国所发现的 PCNs 含量（138～160 pg/m³）低。

    Manodori 等[120]研究了威尼斯环礁湖地区大气中的 PCNs，低氯萘含量为主要组分，总含量为 191～3 415 fg/m³，最低含量位于海上的采样点，工业区和乡村采样点总含量并无显著差异，而且发现此地区 PCNs 的污染主要来自焚烧源。

    近年来，Mari 等[112]研究了西班牙巴塞罗纳地区的工业区和背景区的大气样品中的 PCDDs/PCDFs、PCBs 和 PCNs 含量水平和分布特征，PCNs 的含量在 0.29～0.62 ng/m³，其总含量高于 7 种指示性 PCBs 同类物的总量（0.13～0.17 ng/m³），同时也高出 PCDDs/PCDFs

总量几个数量级。

二、土壤和沉积物

在对环境样品中持久性有机污染物的研究中，土壤和沉积物样品往往是研究的重点，因为土壤和沉积物是各类污染物的汇集地，能够比生物样品更好地反映环境污染物的变化趋势。表 7.5 中列出了不同国家和地区土壤、沉积物样品中 PCNs 的含量分布。

表 7.5　部分国家和地区土壤、沉积物样品中 PCNs 的含量分布

采样地点	PCN 同系物	检测仪器	内标物	含量/（ng/g，干重）	文献
Poland	TrCNs-OCN	HRGC/HRMS	^{13}C-PCDDs/PCDFs	0.36～1.1	[130]
Tarragona，Spain	TrCNs-OCN	HRGC/HRMS	^{13}C-PCDDs/PCDFs	ND～372	[81]
Bayreuth，Germany	DiCNs-OCN	HRGC/LRMS	^{13}C-PCBs	<0.1～15.4	[76]
Broadbalk，UK	TrCNs-HpCNs	HRGC/LRMS	—	0.32～16	[59]
Luddington，UK	TrCNs-HpCNs	HRGC/LRMS	—	0.42～6	[59]
Catalonia，Spain	TeCNs-OCN	HRGC/HRMS	^{13}C-PCDDs/PCDFs	0.032～0.18	[86]
Baltic Sea	TeCNs-HpCNs	HRGC/LRMS	^{13}C-PCBs	0.14～7.6	[126]
Detroit and Rouge Rivers，USA	TrCNs-OCN	HRGC/HRMS	—	0.08～187	[72]
Detroit River，USA	TrCNs-OCN	HRGC/HRMS	^{13}C-PCDDs	1.23～8 200	[73]
Qingdao coastal sea，China	TrCNs-OCN	HRGC/HRMS	^{13}C-PCBs	0.2～1.2	[131]
Venice and Orbetello Lagoons，Italy	MoCNs-OCN	HRGC/HRMS	—	0.03～1.51	[92]
creek Spittelwasser，German	PeCNs-HpCNs	HRGC/HRMS	^{13}C-PCBs	2 540	[129]
northern Baltic Sea，Sweden	TeCNs-HpCNs	HRGC/HRMS	^{13}C-PCBs	0.27～2.8	[102]
dated lake，England	TrCNs-HpCNs	HRGC/LRMS	—	0.49～12.1	[83]
Sweden	TeCNs-HpCNs	HRGC/LRMS	—	—	[84]
Gdañsk Basin，Baltic Sea	TeCNs-HpCNs	HRGC/HRMS	^{13}C-PCBs	6.7	[80]
southeastern coastal Georgia	TrCNs-OCN	HRGC/LRMS	—	19 600～23 400	[91]
Tokyo Bay，Japan	TrCNs-HpCNs	HRGC/HRMS	—	0.2～4.4	[128]

注："ND"为未检出。

Lundgren 等[102]发现波罗的海北部表层沉积物中 PCNs（从 TeCNs 到 HpCNs）的含量水平为 0.27～2.8 ng/g（干重），并根据沉积速率等值估算在波罗的海沉积物中每年 PCNs 的沉积量大约为 91 kg。这与欧洲地区其他地方的含量在同一水平上，而且与北美、日本等地方沉积物样品中的背景值也在同一水平上。Järnberg 等[126]也测定了波罗的海地区沉积物样品中的 PCNs，含量在 0.6～7.6 ng/g（干重）之间，瑞典西海岸地区的含量为 0.1～1.3 ng/g（干重）。Kannan 等[127]在 2000 年报道了密歇根湖沉积物中 PCNs 的含量为 0.3～0.8 ng/g（干重）。在日本，Yamashita 等[128]发现东京湾表层沉积物中 PCNs 的含量为 1.8 ng/g（干重）。而在被污染地区，如德国的某工业区附近，PCNs 的总含量高达 2 500 ng/g（干重）[129]。据目前所知，在美国一被氯碱工业污染的沉积物样品中，PCNs 的含量最高，PeCNs、HxCNs 和 HpCNs 的含量分别为 2.6 μg/g、7.3 μg/g 和 9.6 μg/g[91]。

Meijer 等[59]在 2001 年研究了英国两个土壤采样点的 PCNs 的含量水平、时间趋势以及特征源等。在 Luddington 的土壤样品中，PCNs 的总含量从 1968 年的 6 000 pg/g（干重）下降到 1990 年的 420 pg/g（干重）；在 Broadbalk 的土壤样品中，1980 年的两个样品中 PCNs 的总含量最高，分别为 16 000 pg/g 和 15 000 pg/g（干重）。Schuhmacher 等[86]在 2004 年报道了西班牙一石油化工厂附近土壤中的 PCNs，而且采集了城市/住宅区附近的样品和假定的未污染区的样品，发现土壤中 PCNs 的总含量从 32 ng/kg（未污染样品）到 180 ng/kg（城市/住宅区），这比 Meijer 等所发现的土壤样品中的含量低。在德国某城市和乡村的土壤样品中，35 种 PCNs 单体的总含量分别为小于 100 ng/kg 到 15 400 ng/kg 和小于 100 ng/kg 到 820 ng/kg[76]。最近的一篇文献[130]报道了波兰某地区土壤中的 PCNs 总含量在 350～1 100 pg/g（干重）之间，这可能与该地区工业多氯萘商品的使用有关。

三、生物和母乳样品

表 7.6 给出了不同国家和地区生物以及母乳样品中 PCNs 的含量分布。多氯萘，尤其是高氯萘在生物样品中有一定的富集性。Helm 等[94]首次报道了加拿大东部北极地区白鲸和环斑海豹中 PCNs 的含量，发现 PCNs 在白鲸鲸脂中的含量在 35.9～383 pg/g（脂重）范围内，而在环斑海豹中的含量为 35.4～71.3 pg/g（脂重）。Ishaq 等[132]对瑞典西海岸海豚的研究发现，在脂肪和肝脏中 PCNs 的含量最高，为 730 pg/g。对西班牙卡塔卢尼亚市 14 种可食性海洋生物中 PCNs 的含量研究发现[133]，在大多数鱼类样品中，PeCNs 对 PCNs 总含量的贡献最大，大约为 60%，但实验结果并不能表明 PCNs 对人类在消费这些海产品时构成一定的风险。

表 7.6　部分国家和地区生物以及母乳样品中 PCNs 的含量分布

采样点	基质	PCN 同系物	检测仪器	内标物	含量/（ng/g）	文献
Michigan	鱼、贝类	DiCNs-OCN	HRGC/HRMS	^{13}C-PCDDs/PCDFs	0.002～12.2 [a]	[49]
Sweden	母乳	TrCNs-OCN	HRGC/LRMS	—	0.48～3.1	[136]
Italy	鱼、鸟类	DiCNs-OCN	HRGC/HRMS	—	ND～0.8 [a]	[137]
USA	动物内脏	4 PCNs	HRGC/LRMS	—		[75]
Spain	海产食物	TeCNs-OCN	HRGC/HRMS	^{13}C-PCNs	0.003～0.23	[133]
Gulf of Alaska	斑海豹	TrCNs-OCN	HRGC/LRMS	—	0.3～27	[77]
Pangnirtung	环斑海豹	TrCNs-HpCNs	HRGC/LRMS	—	0.04～0.07	[94]
Pangnirtung	白鲸	TrCNs-HpCNs	HRGC/LRMS	—	0.04～0.38	[94]
Baltic Sea	海豚	TeCNs-HpCNs	HRGC/HRMS	—	1.7～2.8	[93]
Kattegatt，Sweden	海豚	TeCNs-OCN	HRGC/HRMS	^{13}C-PCBs	0.5～0.7	[132]
Alaska	北极熊	TrCNs-OCN	HRGC/HRMS	—	0.37±0.39 [a]	[138]
Terra Nova Bay，Italy	鲸、海豹	TrCNs-OCN	HRGC/HRMS	—	0.04～0.08 [a]	[138]
land	松叶	TrCNs-OCN	HRGC/HRMS	^{13}C-PCDDs/PCDFs	0.17～0.92	[130]
Poland	白尾鹰	TeCNs-HpCNs	HRGC/HRMS	^{13}C-PCBs	2.5～240	[139]
Michigan	鸟蛋	TrCNs-OCN	HRGC/HRMS	—	0.08～2.4 [a]	[140]
Catalonia，Spain	海产品	TeCNs-OCN	HRGC/HRMS	^{13}C-PCNs	−0.23	[141]
Baltic Sea	鲱鱼	TeCNs-OCN	HRGC/HRMS	—	0.01～0.43	[142]

注：上角 a 为湿重，其他为脂重；
"ND" 表示未检出。

Domingo 等[134]报道了 PCNs 在各种食品中的含量水平,首次估计 PCNs 的膳食摄入量。在该研究中,系统地测定了 108 个样品（包括蔬菜、块茎、水果、谷类、豆类、鱼和贝类、肉类和肉制品、蛋类、牛奶、日常食品、油和脂肪等）中 PCNs 的含量。结果表明,在油和脂肪类中 PCNs 的总含量远高于其他样品,为 447 pg/g,除水果和豆类样品（HxCNs 占主要组分）外,其他样品中 TeCNs 的贡献最大。另外通过人群的膳食结构,研究了不同人群的 PCNs 的日摄入量。得出 70 kg 成年男子总膳食摄入在 45.78 ng/d。对吸入贡献最大的是油类和脂肪,达到 40%；其次是谷类食品,为 32%。

Norén 等[135]报道了瑞典过去 20～30 年中人乳样品中 PCNs 的含量,从 1972 年的 3.08 ng/g（脂重）持续下降到 1992 年的 0.48 ng/g（脂重）。据作者报道,在瑞典,PCNs 曾被应用于电容器和电线,但由于缺乏当时详细的相关资料,所以无法得知其污染来源。

第五节　PCNs 的迁移转化趋势

环境中持久性有机污染物如 PCNs 的迁移转化趋势主要取决于其物理化学性质。它们在环境中转化或降解的程度,在环境介质中的交换速率以及其进入环境后的迁移能力是评价其环境行为至关重要的因素,但目前有关 PCNs 在这方面的研究并不多。

一、降解

PCNs 中易于降解的同类物可能会导致环境中不同氯代间 PCNs 同系物分布的改变,特别是高分子量的同类降解转化为低分子量的同类物。目前还没有对环境中 PCNs 的降解进行详细的研究。

Järnberg 等[126]研究了厌氧微生物降解和太阳光照情况下（甲醇溶液）多氯萘工业混合物（Halowax 1014）中同类物分布的改变,发现生物降解没有明显的变化,但在太阳光照情况下有显著变化,表现为 28 天后一些低氯萘同类物的分布升高。在溶液中,当 PCNs 吸收大于 300 nm 的紫外线波长时会光解为脱氯产物或生成二聚体[143-145]。Ruzo 等[144]发现 MoCNs 到 TeCNs 在甲醇中的降解速率随着氯原子数的降低而降低,Gulan 等[145]也发现高氯萘的降解速率要更高一些。Ruzo 等[144]认为这差别的主要原因是由于高氯萘具有较大的消光系数,因此要更易吸收一些入射辐射,或者是由于当混合物受辐射时一些低氯萘的同类物起了感光剂的作用。研究还发现 1、8 位取代或邻位取代的 PCN 同类物较相同氯代的其他同类物的反应快,具有较高的降解产物。Järnberg 等[126]的研究也观察到甲醇中的 Halowax 1014 混合物受到太阳光的照射时 1、8 位取代的 PCN 同类物含量降低。

有限的研究表明,光降解似乎是环境中高氯萘的主要降解途径。

二、介质交换

掌握持久性有机污染物在大气中的气（气相）-粒（颗粒物）分配行为有助于理解污染物在大气中的迁移途径、降解机理、沉降过程和污染物进入食物链的方式。气-粒分配系数（K_p）常被用来描述半挥发性有机化合物的气-粒分配行为,即 $K_p = (F/TSP)/A$。其中 F 和 A 是化合物在颗粒物和气相中的浓度,TSP 是总悬浮颗粒物的浓度[147]。气-粒分配过程存在两种机理，即污染物吸附到颗粒物的表面和污染物吸附到颗粒物的有机质中。对于两种分配机理，理论上存在如下的线性关系：$\log K_p = m_r \log P_L^0 + b_r$，其中 P_L^0 为污染物的过冷液体蒸气压。气-粒分配过程达到平衡状态时，公式中的斜率等于-1，而截距主要取决于颗粒物的类型和性质。

Harner 和 Bidleman[85, 146]研究了 PCNs 在芝加哥城市大气中的两相间的分布，发现高氯萘（HxCNs-OCN）主要存在于颗粒相中；同时还采用正辛醇-大气的分配吸附模型[147]解释了 PCNs 在颗粒相中的分布。对 PCNs 在大气与植物[148]、大气与界面[114]中转换的实验中发现，牧草、蔬菜中的 PCNs 和 PCBs 在户外大气中的吸收净化速率十分相似，植物—界面残留控制着污染物在大气—牧草和牧草—大气间的转换。然而在叶子内部扩散时，相似的 K_{oa} 情况下，PCBs 的吸收似乎比 PCNs 的要快。作者认为这可能是在给定的 K_{oa} 情况下，由于共平面的程度、极性或者是氯化程度不同造成的。

三、远距离传输

PCNs 具有持久性，其半衰期大于两天，能够通过大气进行远距离传输。对欧洲的研究表明，英国城市中含有较高的 PCNs 含量[114, 119, 121]；另外，波兰的城市与工业区以及莫斯科的 PCNs 含量也较高[119]；在爱尔兰、冰岛和挪威等偏远地区以及欧洲的北部和南部部分地区，PCNs 检出量很低或者未检出。PCNs 从欧洲中部进行远距离迁移，导致了北极圈东部地区的大气[117, 124]、雪[124]中检测到高浓度的 PCNs。在波罗的海地区，天气气温高时受 PCNs 从西南部或西部大气迁移的影响，因而检测到的 PCNs 含量最高；气温降低并受东风影响，北部地区的含量最低[115]。在捷克、俄罗斯和加拿大等偏远地区[116, 117]以及加拿大—亚北极地区[116]也发现较低含量的 PCNs。另外从北极[94, 138]以及南极生物[116]中发现 PCNs 的存在也表明 PCNs 具有远距离迁移性。

第六节　我国 PCNs 的研究现状

由于没有开展过全国层面上的 PCNs 调查或研究工作，我国 PCNs 的环境污染状况还不十分清楚。而且由于我国 PCNs 的研究还处于初始阶段，相关的研究报道很有限，因此还不能对国内 PCNs 的污染现状做出全面评估。

据目前所了解，国内并没有开展 PCNs 的工业生产，PCBs 则从 1965 年开始生产，到 1974 年停产，累计生产约 1 万 t。这些产品主要用做电力电容器的浸渍剂，小部分做油漆的添加剂。按照文献[54]中的数据估算，国内生产 PCBs 所排放的 PCNs 累计 52～7 300 kg。目前国内尚未对焚烧样品中 PCNs 的含量水平做过报道。

杨永亮等[149]对我国青岛近岸 5 个表层沉积物和 1 个贝类样品中的 31 种 PCNs 的含量分布特征及来源进行了研究。研究结果表明，ΣPCNs 的最高含量出现在河口处，含量范围为 212～1 209 pg/g（干重），以 TeCNs 为主。局部地区 PCNs 的污染来自于垃圾焚烧、燃煤等高温过程，除了在河口处受到城市污水污泥的影响外，大气沉降是青岛近海岸 PCNs 的重要来源。Zhao 等[150]研究了大辽河入海口底泥中 PCNs 的含量与分布，ΣPCNs 的浓度范围为 33.1～284.4 ng/kg（干重），比青岛近岸沉积物的浓度水平要低，并且其浓度随大辽河入海口向近海域递减变化并不明显。

对莱州湾区域底泥中 PCNs 的研究发现，其含量范围在 0.12～5.1 ng/g（干重），变化较大，而且受周围企业排放的影响；部分样品中 PCNs 的分布特征与 Halowax 1014 的分布特征极为相似，表明底泥样品中 PCNs 主要来自工业排放；另外某些个别样品也受到了工业企业焚烧的影响[151]。

郭丽等采用同位素稀释高分辨气相色谱-高分辨质谱联用技术对北京市 8 个城市污水处理厂污泥中的 70 余种 PCNs 进行了分析测定，污泥中∑PCNs 的污染水平在 1.48～28.21 ng/g（干重），PCN-TEQs 的含量在 0.11～2.45 pg/g（干重），远低于国外其他地区报道的污泥含量水平。样品中 PCNs 同类物的分布大体相同，均以二氯萘和三氯萘为主[152]。

另外，对我国广州和中山两个沿海城市的 26 种海产品（鱼类、蟹、虾类等）中的 PCDDs/PCDFs、PCBs 和 PCNs 等持久性有机氯污染物的研究[153]发现，PCBs 的总含量比 PCNs 高 10～1 000 倍，PCNs 的含量范围为 93.8～1 300 pg/g（脂重）。广州和中山两地鱼类样品的含量分别为 545 pg/g 和 137 pg/g（脂重），青岛与崇明岛区域海鱼与鸭肉中 PCNs 的含量在 43.8～640 pg/g 之间[154]，这与 2002 年 Corsolini 等[138]测定的北极地区鱼类样品中 PCNs 的含量（81.3～915 pg/g，脂重）在同一水平上，却低于日本（190～3 300 pg/g，脂重）[104]、美国（19～31 400 pg/g，脂重）[52, 91]等地区鱼类样品中的含量水平。此外，PCNs 单体的分布特征也由于样品的不同而不同。在广州、中山的鱼类、虾类和双壳类动物中，TeCNs 和 PeCNs 为主要组分，对∑PCNs 的贡献超过 60%，但其污染来源还有待于进一步研究。

仅有的研究结果表明，我国 PCNs 的污染处于较低的水平。总体而言，我国 PCNs 的污染调查和研究工作开展很少，缺乏系统性，积累的多氯萘污染的数据量严重不足，尤其是在废弃物焚烧等方面的数据几乎为零。同时由于分析手段的落后，多数数据仅仅进行了总量上的定量，无法将毒性同类物分离确认，还不能具体准确地评价毒性或污染水平。制定符合国际通行的标准方法和完善的控制指标体系，建立适合我国国情的多氯萘的调查和管理体系，是当前十分迫切的任务。

第七节　研究展望

PCNs 的环境污染问题早在 20 世纪 70 年代就已经引起注意，然而由于当时检测技术的制约，PCNs 的相关研究进展不大。20 世纪 80—90 年代人们更多关注二噁英类的环境污染问题，在很大程度上忽视了 PCNs 环境污染的影响。近几年来，在《关于持久性有机污染物的斯德哥尔摩公约》的推动下，加快了痕量 PCNs 检测技术的进步，从而带动了 PCNs 研究更深入的发展，有关 PCNs 的研究已成为持久性有机污染物研究领域的一个新热点。尽管全球普遍停止生产和使用 PCNs，环境介质中 PCNs 含量有所降低，但一些无意产生的 PCNs 污染源如废弃物焚烧、金属冶炼等过程仍然在向环境输入 PCNs。与二噁英类研究相比，国际上对无意产生 PCNs 污染源的认识还处于起步阶段，对除废弃物焚烧之外的无意产生 PCNs 污染源还很少涉及，对各种热过程所产生 PCNs 的分布特征、影响 PCNs 生成的各种因素还没有定论。

　　尽管我国开展 PCNs 的研究起步较晚，但起点很高，在 PCNs 的检测技术上已掌握了国际上最先进的同位素稀释高分辨气相色谱-高分辨质谱测定 PCNs 的方法，具备了开展 PCNs 研究的基础。现有资料调查显示，我国目前 PCNs 的环境污染主要来源于历史上进口的含 PCNs 产品及众多无意产生 PCNs 的污染源。初步分析，废弃物焚烧和钢铁冶炼有可能是 PCNs 重要的污染源。识别并定量表征我国典型工业过程 PCNs 的排放特性，评估我国 PCNs 环境污染状况，认识 PCNs 在我国典型环境中的迁移转化及环境归宿，不仅是环境科学研究的重要课题，同时也能为我国环境管理部门制定包括 PCNs 在内的持久性有机污染物污染控制对策，履行斯德哥尔摩公约提供必要的科技支撑。

参考文献

[1] Suzuki N，Tosa K，Yasuda M，et al. Analysis of polychlorinated dibenzo-*p*-dioxins and polychlorinated dibenzo-furans by the accelerated solvent extraction（ASE） and HPLC cleanup Organohalogen Compounds，1999，40：267-270.

[2] Larsen B，Facchetti S. Use of supercritical fluid extraction in the analysis of polychlorinated dibenzodioxins and dibenzofurans. Fresenius' Journal of Analytical Chemistry，1994，348（1-2）：159-162.

[3] Ericsson M，Colmsjö A. Dynamic microwave-assisted extraction. Journal of Chromatography A，2000，877（1）：141-151.

[4] Safe S. Molecular biology of the Ah receptor and its role in carcinogenesis. Toxicology Letters，2001，120（1）：1-7.

[5] Robertson R W，Zhang L，Pasco D S，et al. Aryl hydrocarbon-induced interactions at multiple DNA elements of diverse sequence—a multicomponent mechanism for activation of cytochrome P4501A1（CYP1A1）gene transcription. Nucleic Acids Research，1994，22（9）：1741-1749.

[6] 孙晞，欧仕益，彭喜春. 二噁英类化学物质生物检测方法研究进展. 环境与职业医学，2007，24（2）：218-221.

[7] 孙晞，李芳，陈启政，等. 一种新的酶切保护 PCR 分析方法及其在二噁英类化合物检测中的应用. 癌变·畸变·突变，2004，16（4）：196-198.

[8] Sun X，Li F，Wang Y，et al. Development of an exonuclease protection mediated PCR bioassay for sensitive detection of Ah receptor agonists. Toxicological Sciences，2004，80（1）：49-53.

[9] Albro P W，Luster M I，Chae K，et al. A radioimmunoassay for chlorinated dibenzo-*p*-dioxins. Toxicology and Applied Pharmacology，1979，50（1）：137-146.

[10] Kennel S J，Jason C，Albro P W，et al. Monoclonal antibodies to chlorinated dibenzo-*p*-dioxins. Toxicology and Applied Pharmacology，1986，82（2）：256-263.

[11] Stanker L H，Watkins B，Rogers N，et al. Monoclonal antibodies for dioxin：Antibody characterization and assay development. Toxicology，1987，45（3）：229-243.

[12] 王承智，胡筱敏，石荣，等. 二噁英类物质的生物检测方法. 中国安全科学学报，2006，16（5）：135-140.

[13] Focant J F，Eppe G，De Pauw E. Optimisation and use of tandem-in-time mass spectrometry in comparison with immunoassay and HRGC/HRMS for PCDD/F screening. Chemosphere，2001，43（4）：417-424.

[14] Denison M S，Zhao B，Baston D S，et al. Recombinant cell bioassay systems for the detection and relative quantitation of halogenated dioxins and related chemicals. Talanta，2004，63（5）：1123-1133.

[15] Miller III C A. Expression of the human aryl hydrocarbon receptor complex in yeast. Journal of Biological

Chemistry，1997，272（52）：32824-32829.

[16] Bradlaw J A，Casterline J L. Induction of enzyme activity in cell culture：a rapid screen for detection of planar polychlorinated organic compounds. Journal-Association of Official Analytical Chemists，1979，62（4）：904-916.

[17] White J J，Schmitt C J，Tillitt D E. The H4IIE cell bioassay as an indicator of dioxin-like chemicals in wildlife and the environment. Critical Reviews in Toxicology，2004，34（1）：1-83.

[18] Sanderson J T，Aarts J M M J G，Brouwer A，et al. Comparison of Ah receptor-mediated luciferase and ethoxyresorufin-o-deethylase induction in H4IIE cells：Implications for their use as bioanalytical tools for the detection of polyhalogenated aromatic hydrocarbons. Toxicology and Applied Pharmacology，1996，137（2）：316-325.

[19] Wu W，Li W，Schramm K，et al. Evaluation of PCDD/F toxicity in fish livers from Ya-Er Lake，China：chemical analysis compared with in vivo and in vitro EROD bioassays. Bulletin of environmental contamination and toxicology，2001，67（3）：376-384.

[20] 万小琼，吴文忠，贺纪正. 利用草鱼原代肝细胞培养评价二噁英毒性效应. 中国环境科学，2002，22（2）：114-117.

[21] 徐盈，吴文忠，张甬元. 利用 EROD 生物测试法快速筛检二噁英类化合物. 中国环境科学，1996，16（4）：279-283.

[22] Li W，Wu W Z，Barbara R B，et al. A new enzyme immunoassay for PCDD/F TEQ screening in environmental samples：Comparison to micro-EROD assay and to chemical analysis. Chemosphere，1999，38（14）：3313-3318.

[23] Aarts J，Denison M S，De Haan L H J，et al. Ah receptor-mediated luciferase expression：a tool for monitoring dioxin-like toxicity. Organohalogen Compounds，1993，13：361-364.

[24] Postlind H，Vu T P，Tukey R H，et al. Response of human CYP1-luciferase plasmids to 2,3,7,8-tetrachlorodibenzo-*p*-dioxin and polycyclic aromatic hydrocarbons. Toxicology and Applied Pharmacology，1993，118（2）：255-262.

[25] Garrison P，Tullis K，Aarts J，et al. Species-specific recombinant cell lines as bioassay systems for the detection of 2,3,7,8-tetrachlorodibenzo-*p*-dioxin-like chemicals. Toxicological Sciences，1996，30（2）：194-203.

[26] Murk A，Legler J，Denison M，et al. Chemical-activated luciferase gene expression（CALUX）：a novel in vitro bioassay for Ah receptor active compounds in sediments and pore water. Toxicological Sciences，1996，33（1）：149-160.

[27] Murk A J，Leonards P E G，Bulder A S，et al. The CALUX（chemical-activated luciferase expression）assay adapted and validated for measuring TCDD equivalents in blood plasma. Environmental Toxicology and Chemistry，1997，16（8）：1583-1589.

[28] Bovee T F H，Hoogenboom L A P，Hamers A R M，et al. Validation and use of the CALUX‐bioassay for the determination of dioxins and PCBs in bovine milk. Food Additives & Contaminants，1998，15（8）：863-875.

[29] 张志仁，徐顺清，周宜开，等. 虫荧光素酶报告基因用于二噁英类化学物质的检测. 分析化学，2001，

29（7）：825-827.

[30] 张志仁，徐顺清，周宜开，等. 一株受二噁英类化学物质诱导表达的荧光素酶肝癌细胞系. 中国生物化学与分子生物学报，2001，17（6）：777-780.

[31] Chobtang J，De Boer I J M，Hoogenboom R L A P，et al. The Need and Potential of Biosensors to Detect Dioxins and Dioxin-Like Polychlorinated Biphenyls along the Milk，Eggs and Meat Food Chain. Sensors，2011，11（12）：11692-11716.

[32] 周志广，任玥，许鹏军，等. 荧光素酶报告基因法测定废气中二噁英类物质. 环境科学研究，2011，24（12）：1416-1421.

[33] 裴新辉，赵斌. 二噁英生物分析方法的进展. 第六届全国环境化学大会暨环境科学仪器与分析仪器展览会摘要集，2011：998.

[34] Zhao B，Baston D S，Khan E，et al. Enhancing the response of CALUX and CAFLUX cell bioassays for quantitative detection of dioxin-like compounds. Science China Chemistry，2010，53（5）：1010-1016.

[35] 汪畅，王英，雷垚，等. 一株受二噁英类化合物诱导表达绿色荧光蛋白的胃癌细胞系的建立. 生态毒理学报，2008，3（3）：244-249.

[36] Falandysz J. Polychlorinated naphthalenes：an environmental update. Environmental Pollution，1998，101（1）：77-90.

[37] Lerche D，Van de Plassche E，Schwegler A，et al. Selecting chemical substances for the UN-ECE POP Protocol. Chemosphere，2002，47（6）：617-630.

[38] ICNAS，National industrial chemical notification and assessment scheme：polychlorinated naphthalenes. [2001]. http：//www.nicnas.gov.au/publications/CAR/new/NA/NAFULLR/NA0800FR/NA891FR.pdf.

[39] Puzyn T，Falandysz J. Computational estimation of logarithm of n-octanol/air partition coefficient and subcooled vapor pressures of 75 chloronaphthalene congeners. Atmospheric Environment，2005，39（8）：1439-1446.

[40] Helm P A，Kannan K，Bidleman T F. Polychlorinated naphthalenes in the Great Lakes. Persistent Organic Pollutants in the Great Lakes，2006，5N：267-306.

[41] Lei Y D，Wania F，Shiu W Y. Vapor pressures of the polychlorinated naphthalenes. Journal of Chemical & Engineering Data，1999，44（3）：577-582.

[42] Olivero-Verbel J，Vivas-Reyes R，Pacheco-Londoño L，et al. Discriminant analysis for activation of the aryl hydrocarbon receptor by polychlorinated naphthalenes. Journal of Molecular Structure：THEOCHEM，2004，678（1）：157-161.

[43] Blankenship A L，Kannan K，Villalobos S A，et al. Relative potencies of individual polychlorinated naphthalenes and Halowax mixtures to induce Ah receptor-mediated responses. Environmental science & technology，2000，34（15）：3153-3158.

[44] Villalobos S A，Papoulias D M，Meadows J，et al. Toxic responses of medaka，D-rR strain，to polychlorinatednaphthalene mixtures after embryonic exposure by in ovo nanoinjection：A partial life-cycle assessment. Environmental toxicology and chemistry，2000，19（2）：432-440.

[45] Vinitskaya H，Lachowicz A，Kilanowicz A，et al. Exposure to polychlorinated naphthalenes affects GABA-metabolizing enzymes in rat brain. Environmental toxicology and pharmacology，2005，20（3）：

450-455.

[46] Villeneuve D L, Kannan K, Khim J S, et al. Relative potencies of individual polychlorinated naphthalenes to induce dioxin-like responses in fish and mammalian in vitro bioassays. Archives of environmental contamination and toxicology, 2000, 39（3）: 273-281.

[47] Şişman T, Geyikoğlu F. The teratogenic effects of polychlorinated naphthalenes（PCNs）on early development of the zebrafish（*Danio rerio*）. Environmental toxicology and pharmacology, 2008, 25（1）: 83-88.

[48] Falandysz J. Chloronaphthalenes as food-chain contaminants: a review. Food additives and contaminants, 2003, 20（11）: 995-1014.

[49] Hanari N, Kannan K, Horii Y, et al. Polychlorinated naphthalenes and polychlorinated biphenyls in benthic organisms of a Great Lakes food chain. Archives of environmental contamination and toxicology, 2004, 47（1）: 84-93.

[50] Brinkman U A, Reymer H G. Polychlorinated naphthalenes. Journal of chromatography, 1976, 127（3）: 203.

[51] Noma Y, Yamamoto T, Sakai S-I. Congener-specific composition of polychlorinated naphthalenes, coplanar PCBs, dibenzo-*p*-dioxins, and dibenzofurans in the halowax series. Environmental science & technology, 2004, 38（6）: 1675-1680.

[52] Kannan K, Yamashita N, Imagawa T, et al. Polychlorinated naphthalenes and polychlorinated biphenyls in fishes from Michigan waters including the Great Lakes. Environmental science & technology, 2000, 34（4）: 566-572.

[53] Helm P A, Bidleman T F, Jantunen L M, et al. Polychlorinated naphthalenes in Great Lakes air: Source and ambient air profiles. Organohalogen Compds, 2000, 47: 17-20.

[54] Yamashita N, Kannan K, Imagawa T, et al. Concentrations and profiles of polychlorinated naphthalene congeners in eighteen technical polychlorinated biphenyl preparations. Environmental science & technology, 2000, 34（19）: 4236-4241.

[55] Haglund P, Jakobsson E, Asplund L, et al. Determination of polychlorinated naphthalenes in polychlorinated biphenyl products via capillary gas chromatography-mass spectrometry after separation by gel permeation chromatography. Journal of Chromatography A, 1993, 634（1）: 79-86.

[56] Iino F, Imagawa T, Takeuchi M, et al. De novo synthesis mechanism of polychlorinated dibenzofurans from polycyclic aromatic hydrocarbons and the characteristic isomers of polychlorinated naphthalenes. Environmental science & technology, 1999, 33（7）: 1038-1043.

[57] Kim D H, Mulholland J A, Ryu J-Y. Chlorinated naphthalene formation from the oxidation of dichlorophenols. Chemosphere, 2007, 67（9）: S135-S143.

[58] Wang D L, Xu X B, Chu S G, et al. Polychlorinated naphthalenes and other chlorinated tricyclic aromatic hydrocarbons emitted from combustion of polyvinylchloride. Journal of hazardous materials, 2006, 138（2）: 273-277.

[59] Meijer S N, Harner T, Helm P A, et al. Polychlorinated naphthalenes in UK soils: Time trends, markers of source and equilibrium status. Environmental science & technology, 2001, 35（21）: 4205-4213.

[60] Sinkkonen S，Paasivirta J，Lahtiperä M，et al. Screening of halogenated aromatic compounds in some raw material lots for an aluminium recycling plant. Environment international，2004，30（3）：363-366.

[61] Imagawa T，Lee C W. Correlation of polychlorinated naphthalenes with polychlorinated dibenzofurans formed from waste incineration. Chemosphere，2001，44（6）：1511-1520.

[62] Schneider M，Stieglitz L，Will R，et al. Formation of polychlorinated naphthalenes on fly ash. Chemosphere，1998，37（9）：2055-2070.

[63] Oh J-E，Gullett B，Ryan S，et al. Mechanistic relationships among PCDDs/Fs，PCNs，PAHs，ClPhs，and ClBzs in municipal waste incineration. Environmental science & technology，2007，41（13）：4705-4710.

[64] Lee R G，Coleman P，Jones J L，et al. Emission factors and importance of PCDDs/PCDFs，PCBs，PCNs，PAHs and PM10 from the domestic burning of coal and wood in the UK. Environmental science & technology，2005，39（6）：1436-1447.

[65] Dong S J，Liu G R，Zhang B，et al. Formation of polychlorinated naphthalenes during the heating of cooking oil in the presence of high amounts of sucralose. Food Control，2013，32（1）：1-5.

[66] Ba T，Zheng M H，Zhang B，et al. Estimation and congener-specific characterization of polychlorinated naphthalene emissions from secondary nonferrous metallurgical facilities in China. Environmental science & technology，2010，44（7）：2441-2446.

[67] Liu G R，Zheng M H，Lv P，et al. Estimation and characterization of polychlorinated naphthalene emission from coking industries. Environmental science & technology，2010，44（21）：8156-8161.

[68] Lee S C，Harner T，Pozo K，et al. Polychlorinated naphthalenes in the global atmospheric passive sampling （GAPS） study. Environmental science & technology，2007，41（8）：2680-2687.

[69] Espadaler I，Eljarrat E，Caixach J，et al. Assessment of polychlorinated naphthalenes in aquifer samples for drinking water purposes. Rapid communications in mass spectrometry，1998，11（4）：410-414.

[70] Yusà V，Pastor A，De la Guardia M. Microwave-assisted extraction of polybrominated diphenyl ethers and polychlorinated naphthalenes concentrated on semipermeable membrane devices. Analytica chimica acta，2006，565（1）：103-111.

[71] Kannan K，Kawano M，Kashima Y，et al. Extractable organohalogens （EOX） in sediment and biota collected at an estuarine marsh near a former chloralkali facility. Environmental science & technology，1999，33（7）：1004-1008.

[72] Kannan K，Lee Kober J，Kang Y-S，et al. Polychlorinated naphthalenes，biphenyls，dibenzo-p-dioxins and dibenzofurans as well as polycyclic aromatic hydrocarbons and alkylphenols in sediment from the Detroit and Rouge Rivers，Michigan，USA. Environmental toxicology and chemistry，2001，20（9）：1878-1889.

[73] Marvin C，Alaee M，Painter S，et al. Persistent organic pollutants in Detroit River suspended sediments：polychlorinated dibenzo-p-dioxins and dibenzofurans，dioxin-like polychlorinated biphenyls and polychlorinated naphthalenes. Chemosphere，2002，49（2）：111-120.

[74] Isosaari P，Hallikainen A，Kiviranta H，et al. Polychlorinated dibenzo-p-dioxins，dibenzofurans，biphenyls，naphthalenes and polybrominated diphenyl ethers in the edible fish caught from the Baltic Sea and lakes in

Finland. Environmental Pollution，2006，141（2）：213-225.

[75] Saito K，Sjödin A，Sandau C D，et al. Development of a accelerated solvent extraction and gel permeation chromatography analytical method for measuring persistent organohalogen compounds in adipose and organ tissue analysis. Chemosphere，2004，57（5）：373-381.

[76] Krauss M，Wilcke W. Polychlorinated naphthalenes in urban soils：analysis，concentrations，and relation o other persistent organic pollutants. Environmental Pollution，2003，122（1）：75-89.

[77] Wang D L，Atkinson S，Hoover-Miller A，et al. Polychlorinated naphthalenes and coplanar polychlorinated iphenyls in tissues of harbor seals（*Phoca vitulina*） from the northern Gulf of Alaska. Chemosphere，007，67（10）：2044-2057.

[78] usà V，Pardo O，Pastor A，et al. Optimization of a microwave-assisted extraction large-volume injection and gas chromatography-ion trap mass spectrometry procedure for the determination of polybrominated dphenyl ethers，polybrominated biphenyls and polychlorinated naphthalenes in sediments. Analytica chnica acta，2006，557（1）：304-313.

[79] Winker-Protas I，van Bavel B，Parczewski A. Rapid extraction and clean-up of PCNs and PCDFs from soil samples using SFE-LC with soil phase carbon trap. Comparison with other methods. Chemia Analityczna，2002，7（5）：659-668.

[80] Falandysz J，Strandberg L，Bergqvist P-A，et al. Polychlorinated naphthalenes in sediment and biota from the Gdańsk Bay，Baltic Sea. Environmental science & technology，1996，30（11）：3266-3274.

[81] Nadal M，Schuhmacher M，Domingo J L. Levels of metals，PCBs，PCNs and PAHs in soils of a highly industrialized chemical petrochemical area：Temporal trend. Chemosphere，2007，66（2）：267-276.

[82] Falandysz J，Strandberg L，Strandberg B，et al. Polychlorinated naphthalenes in three-spined stickleback Gasterosteus aculea tus from the Gulf of Gdańsk. Chemosphere，1998，37（9-12）：2473-2487.

[83] Gevao B，Harner T，Jones K C. Sedimentary record of polychlorinated naphthalene concentrations and deposition fluxes in a dated lake core. Environmental science & technology，2000，34（1）：33-38.

[84] Jaernberg U，Asplund L，de Wit C，et al. Polychlorinated biphenyls and polychlorinated naphthalenes in Swedish sediment and biota：Levels，patterns，and time trends. Environmental science & technology，1993，27（7）：1364-1374.

[85] Harner T，Bidleman T F. Polychlorinated naphthalenes in urban air. Atmospheric Environment，1997，31（23）：4009-4016.

[86] Schuhmacher M，Nadal M，Domingo J L. Levels of PCDDs/PCDFs，PCBs，and PCNs in soils and vegetation in an area with chemical and petrochemical industries. Environmental science & technology，2004，38（7）：1960-1969.

[87] Brinkman U A，De Kok A，Reymer H G M，et al. Analysis of polychlorinated naphthalenes by high-performance liquid and thin-layer chromatography. Journal of Chromatography A，1976，129：193-209.

[88] Brinkman U，De Vries G，De Kok A，et al. Discrimination between polychlorinated naphthalenes and polychlorinated biphenyls. Journal of Chromatography A，1978，152（1）：97-104.

[89] Auger P，Malaiyandi M，Wightman R H，et al. Improved syntheses and complete characterization of some

polychloronaphthalenes. Environmental science & technology, 1993, 27 (8): 1673-1680.

[90] Järnberg U, Asplund L, De Wit C, et al. Distribution of polychlorinated naphthalene congeners in environmental and source-related samples. Archives of environmental contamination and toxicology, 1997, 32 (3): 232-245.

[91] Kannan K, Imagawa T, Blankenship A L, et al. Isomer-specific analysis and toxic evaluation of polychlorinated naphthalenes in soil, sediment, and biota collected near the site of a former chlor-alkali plant. Environmental science & technology, 1998, 32 (17): 2507-2514.

[92] Eljarrat E, Caixach J, Jimenez B, et al. Polychlorinated naphthalenes in sediments from the Venice and Orbetello lagoons, Italy. Chemosphere, 1999, 38 (8): 1901-1912.

[93] Falandysz J, Rappe C. Spatial distribution in plankton and bioaccumulation features of polychlorinated naphthalenes in a pelagic food chain in southern part of the Baltic proper. Environmental science & technology, 1996, 30 (11): 3362-3370.

[94] Helm P A, Bidleman T F, Stern G A, et al. Polychlorinated naphthalenes and coplanar polychlorinated biphenyls in beluga whale (*Delphinapterus leucas*) and ringed seal (*Phoca hispida*) from the eastern Canadian Arctic. Environmental Pollution, 2002, 119 (1): 69-78.

[95] Harner T, Kucklick J. Interlaboratory study for the polychlorinated naphthalenes (PCNs): phase 1 results. Chemosphere, 2003, 51 (7): 555-562.

[96] Kucklick J R, Harner T. Interlaboratory study for the polychlorinated naphthalenes (PCNs): Phase II results Organohalogen Compounds, 2005, 67: 712-714.

[97] Malavia J, Santos F J, Galceran M T. Gas chromatography-ion trap tandem mass spectrometry versus GC-high-resolution mass spectrometry for the determination of non-*ortho*-polychlorinated biphenyls in fish. Journal of Chromatography A, 2004, 1056 (1): 171-178.

[98] Horii Y, Kannan K, Petrick G, et al. Congener-specific carbon isotopic analysis of technical PCB and PCN mixtures using two-dimensional gas chromatography-isotope ratio mass spectrometry. Environmental science & technology, 2005, 39 (11): 4206-4212.

[99] Järnberg U, Asplund L, Jakobsson E. Gas chromatographic retention behaviour of polychlorinated naphthalenes on non-polar, polarizable, polar and smectic capillary columns. Journal of Chromatography A, 1994, 683 (2): 385-396.

[100] Williams D T, Kennedy B, LeBel G L. Chlorinated naphthalenes in human adipose tissue from Ontario municipalities. Chemosphere, 1993, 27 (5): 795-806.

[101] Helm P A. Complete separation of isomeric penta- and hexachloro- naphthalenes by capillary gas chromatography. J High Resol Chromatogr, 1999, 22: 639-643.

[102] Lundgren K, Tysklind M, Ishaq R, et al. Polychlorinated naphthalene levels, distribution, and biomagnification in a benthic food chain in the Baltic Sea. Environmental science & technology, 2002, 36 (23): 5005-5013.

[103] Falandysz J, Kawano M, Ueda M, et al. Composition of chloronaphthalene congeners in technical chloronaphthalene formulations of the Halowax series. Journal of Environmental Science and Health, Part A, 2000, 35 (3): 281-298.

[104] Guruge K S, Seike N, Yamanaka N, et al. Accumulation of polychlorinated naphthalenes in domestic animal related samples. J Environ Monit, 2004, 6 (9): 753-757.

[105] Horii Y, Falandysz J, Hanari N, et al. Concentrations and fluxes of chloronaphthalenes in sediment from Lake Kitaura in Japan in past 15 centuries. Journal of Environmental Science and Health, Part A, 2004, 39 (3): 587-609.

[106] Lee R G, Thomas G O, Jones K C. Detailed study of factors controlling atmospheric concentrations of PCNs. Environmental science & technology, 2005, 39 (13): 4729-4738.

[107] Lukaszewicz E, Falandysz J, Ieda T, et al. GCXGC analysis of tetrachloronaphthalenes Organohalogen Compounds, 2005, 67: 692-694.

[108] Korytár P, Covaci A, Leonards P, et al. Comprehensive two-dimensional gas chromatography of polybrominated diphenyl ethers. Journal of Chromatography A, 2005, 1100 (2): 200-207.

[109] Korytár P, Leonards P, De Boer J, et al. Group separation of organohalogenated compounds by means of comprehensive two-dimensional gas chromatography. Journal of Chromatography A, 2005, 1086 (1): 29-44.

[110] Ishaq R, Näf C, Zebühr Y, et al. PCBs, PCNs, PCDDs/PCDFs, PAHs and Cl-PAHs in air and water particulate samples-patterns and variations. Chemosphere, 2003, 50 (9): 1131-1150.

[111] Dörr G, Hippelein M, Hutzinger O. Baseline contamination assessment for a new resource recovery facility in Germany. Part V: Analysis and seasonaliregional variability of ambient air concentrations of polychlorinated naphthalenes (PCN). Chemosphere, 1996, 33 (8): 1563-1568.

[112] Mari M, Schuhmacher M, Feliubadal J, et al. Air concentrations of PCDDs/PCDFs, PCBs and PCNs using active and passive air samplers. Chemosphere, 2008, 70 (9): 1637-1643.

[113] Jaward F M, Barber J L, Booij K, et al. Spatial distribution of atmospheric PAHs and PCNs along a north-south Atlantic transect. Environmental Pollution, 2004, 132 (1): 173-181.

[114] Lee R G M, Burnett V, Harner T, et al. Short-term temperature-dependent air-surface exchange and atmospheric concentrations of polychlorinated naphthalenes and organochlorine pesticides. Environmental science & technology, 1999, 34 (3): 393-398.

[115] Egeback A-L, Wideqvist U, Jarnberg U, et al. Polychlorinated naphthalenes in Swedish background air. Environmental science & technology, 2004, 38 (19): 4913-4920.

[116] Helm P A, Bidleman T F, Li H H, et al. Seasonal and spatial variation of polychlorinated naphthalenes and non-/mono-ortho-substituted polychlorinated biphenyls in arctic air. Environmental science & technology, 2004, 38 (21): 5514-5521.

[117] Harner T, Kylin H, Bidleman T F, et al. Polychlorinated naphthalenes and coplanar polychlorinated biphenyls in Arctic air. Environmental science & technology, 1998, 32 (21): 3257-3265.

[118] Helm P A, Jantunen L M, Ridal J, et al. Spatial distribution of polychlorinated naphthalenes in air over the Great Lakes and air-water gas exchange in Lake Ontario. Environmental toxicology and chemistry, 2003, 22 (9): 1937-1944.

[119] Jaward F M, Farrar N J, Harner T, et al. Passive air sampling of polycyclic aromatic hydrocarbons and polychlorinated naphthalenes across Europe. Environmental toxicology and chemistry, 2009, 23 (6):

1355-1364.

[120] Manodori L, Gambaro A, Zangrando R, et al. Polychlorinated naphthalenes in the gas-phase of the Venice Lagoon atmosphere. Atmospheric Environment, 2006, 40 (11): 2020-2029.

[121] Harner T, Lee R G M, Jones K C. Polychlorinated naphthalenes in the atmosphere of the United Kingdom. Environmental science & technology, 2000, 34 (15): 3137-3142.

[122] Helm P A, Bidleman T F. Current combustion-related sources contribute to polychlorinated naphthalene and dioxin-like polychlorinated biphenyl levels and profiles in air in Toronto, Canada. Environmental science & technology, 2003, 37 (6): 1075-1082.

[123] Harner T, Shoeib M, Gouin T, et al. Polychlorinated naphthalenes in Great Lakes air: Assessing spatial trends and combustion inputs using PUF disk passive air samplers. Environmental science & technology, 2006, 40 (17): 5333-5339.

[124] Halsall C J, Villa S, Fitzpatrick L, et al. Polychlorinated naphthalenes in air and snow in the Norwegian Arctic: a local source or an Eastern Arctic phenomenon? Science of the total environment, 2005, 342 (1): 145-160.

[125] Helm P A, Bidleman T F, Stern G A, et al. Polychlorinated naphtha -lenes in Arctic air and biota. Organohalogen Compounds, 2000, 47: 182-185.

[126] Järnberg U, Asplund L, Egebäck A-L, et al. Polychlorinated naphthalene congener profiles in background sediments compared to a degraded Halowax 1014 technical mixture. Environmental science & technology, 1999, 33 (1): 1-6.

[127] Kannan K, Imagawa T, Yamashita N, et al. Polychlorinated naphthalenes in sediment, fishes and fish-eating waterbirds from Michigan waters of the Great Lakes. Organohalogen Compds, 2000, 47: 13-16.

[128] Yamashita N, Kannan K, Imagawa T, et al. Vertical profile of polychlorinated dibenzo-p-dioxins, dibenzofurans, naphthalenes, biphenyls, polycyclic aromatic hydrocarbons and alkylphenols in a sediment core from Tokyo Bay, Japan. Environmental science & technology, 2000, 34 (17): 3560-3567.

[129] Brack W, Kind T, Schrader S, et al. Polychlorinated naphthalenes in sediments from the industrial region of Bitterfeld. Environmental Pollution, 2003, 121 (1): 81-85.

[130] Wyrzykowska B, Hanari N, Orlikowska A, et al. Polychlorinated biphenyls and -naphthalenes in pine needles and soil from Poland-Concentrations and patterns in view of long-term environmental monitoring. Chemosphere, 2007, 67 (9): 1877-1886.

[131] Pan J, Yang Y L, Xu Q, et al. PCBs, PCNs and PBDEs in sediments and mussels from Qingdao coastal sea in the frame of current circulations and influence of sewage sludge. Chemosphere, 2007, 66 (10): 1971-1982.

[132] Ishaq R, Karlson K, Näf C. Tissue distribution of polychlorinated naphthalenes (PCNs) and non-*ortho* chlorinated biphenyls(non-*ortho* CBs) in harbour porpoises(*Phocoena phocoena*) from Swedish waters. Chemosphere, 2000, 41 (12): 1913-1925.

[133] Llobet J M, Falco G, Bocio A, et al. Human exposure to polychlorinated naphthalenes through the consumption of edible marine species. Chemosphere, 2007, 66 (6): 1107-1113.

[134] Domingo J L, Falcó G, Llobet J M, et al. Polychlorinated naphthalenes in foods: Estimated dietary intake

by the population of Catalonia，Spain. Environmental science & technology，2003，37（11）：2332-2335.

[135] Norén K，Meironyté D. Certain organochlorine and organobromine contaminants in Swedish human milk in perspective of past 20-30 years. Chemosphere，2000，40（9）：1111-1123.

[136] Lundén Å，Noren K. Polychlorinated naphthalenes and other organochlorine contaminants in Swedish human milk，1972-1992. Archives of environmental contamination and toxicology，1998，34（4）：414-423.

[137] Kannan K，Corsolini S，Imagawa T，et al. Polychlorinated-naphthalenes，-biphenyls，-dibenzo-*p*-dioxins，-dibenzofurans and *p*，*p'*-DDE in bluefin tuna，swordfish，cormorants and barn swallows from Italy. AMBIO：A Journal of the Human Environment，2002，31（3）：207-211.

[138] Corsolini S，Kannan K，Imagawa T，et al. Polychloronaphthalenes and other dioxin-like compounds in Arctic and Antarctic marine food webs. Environmental science & technology，2002，36（16）：3490-3496.

[139] Falandysz J，Strandberg L，Kulp S E，et al. Congener-specific analysis of chloronaphthalenes in white-tailed sea eagles *Haliaeetus albicilla* breeding in Poland. Chemosphere，1996，33（1）：51-69.

[140] Kannan K，Hilscherova K，Imagawa T，et al. Polychlorinated naphthalenes，-biphenyls，-dibenzo-*p*-dioxins，and -dibenzofurans in double-crested cormorants and herring gulls from Michigan waters of the Great Lakes. Environmental science & technology，2000，35（3）：441-447.

[141] Martí-Cid R，Bocio A，Llobet J M，et al. Intake of chemical contaminants through fish and seafood consumption by children of Catalonia，Spain: health risks. Food and Chemical Toxicology，2007，45（10）：1968-1974.

[142] Parmanne R，Hallikainen A，Isosaari P，et al. The dependence of organohalogen compound concentrations on herring age and size in the Bothnian Sea，northern Baltic. Marine pollution bulletin，2006，52（2）：149-161.

[143] Keum Y-S，Li Q. Photolysis of octachloronaphthalene in hexane. Bulletin of environmental contamination and toxicology，2004，72（5）：999-1005.

[144] Ruzo L O，Bunce N J，Safe S，et al. Photodegradation of polychloronaphthalenes in methanol solution. Bulletin of environmental contamination and toxicology，1975，14（3）：341-345.

[145] Gulan M P，Bills D D，Putnam T B. Analysis of polychlorinated naphthalenes by gas chromatography and ultraviolet irradiation. Bulletin of environmental contamination and toxicology，1974，11（5）：438-441.

[146] Harner T，Bidleman T F. Octanol-air partition coefficient for describing particle/gas partitioning of aromatic compounds in urban air. Environmental science & technology，1998，32（10）：1494-1502.

[147] Finizio A，Mackay D，Bidleman T，et al. Octanol-air partition coefficient as a predictor of partitioning of semi-volatile organic chemicals to aerosols. Atmospheric Environment，1997，31（15）：2289-2296.

[148] Barber J L，Thomas G O，Bailey R，et al. Exchange of polychlorinated biphenyls（PCBs） and polychlorinated naphthalenes（PCNs） between air and a mixed pasture sward. Environmental science & technology，2004，38（14）：3892-3900.

[149] 杨永亮,潘静,李悦,等. 青岛近岸沉积物中持久性有机污染物多氯萘和多溴联苯醚. 科学通报,2003，48（21）：2244-2251.

[150] Zhao X F，Zhang H J，Fan J F，et al. Dioxin-like compounds in sediments from the Daliao River Estuary of Bohai Sea: Distribution and their influencing factors. Marine pollution bulletin，2011，62（5）：918-925.

[151] Pan X H，Tang J H，Chen Y J，et al. Polychlorinated naphthalenes（PCNs） in riverine and marine sediments of the Laizhou Bay area，North China. Environmental Pollution，2011，159（12）：3515-3521.

[152] 郭丽，张兵，肖珂，等. 城市污水处理厂污泥中多氯萘的污染水平与分布特征. 科学通报，2008，53（2）：153-158.

[153] Jiang Q T，Hanari N，Miyake Y，et al. Health risk assessment for polychlorinated biphenyls，polychlorinated dibenzo-*p*-dioxins and dibenzofurans，and polychlorinated naphthalenes in seafood from Guangzhou and Zhoushan，China. Environmental Pollution，2007，148（1）：31-39.

[154] 杨永亮，潘静，朱晓华，等. 青岛及崇明岛食用鱼和鸭中共平面多氯联苯与多氯萘的研究. 环境科学研究，2009，22（2）：187-193.